언제나
너를 지키는
약이 되어줄게

언제나 너를 지키는 약이 되어줄게

약사 엄마가 딸에게 들려주는
25가지 약 이야기

유지혜 지음

프롤로그

　나에게는 초등학생 딸이 하나 있다. 아기 때 보송보송한 병아리 같기만 하던 딸이 초등학교에 입학하고 나서부터는 자기만의 세계가 생겨나기 시작했다. 유튜브 '먹방'을 흉내내거나 아이돌 춤을 따라 하기 시작했다. 난해한 패션과 머리모양으로 등교하기도 한다. 또래 친구들과 나누는 대화는 내가 알 수 없는 내용이 태반이다. 딸이 자라면서 스스로 만들어가는 세계는 내가 아무리 애써도 완전히 다 이해할 수 없다.

　딸이 커가는 모습을 보는 것이 대견하다. 마냥 떼쓰는 아기인 줄 알았는데, 이제는 가끔 울적한 엄마를 의젓하게 위로해주기도 한다. 병아리가 자라서 엄마 닭의 날개 밑을 빠져나가 넓은 세상을 알아가려 한다. 이럴 때 엄마의 역할이란 '나도 한때 저랬겠지' 하며 그저 지켜보는 게 전부라는 것을 잘 안다. 그러면서 한편으로 나는 딸과의 접점을 많이 만들고 싶었다. 이대로 딸이 커가는 모습을 지켜보기에는 뭔가 아쉬웠기 때문이었다.

그래서 나는 딸에게 말을 걸기 시작했다. '딸아, 엄마도 여기 있어' 하는 마음으로 말이다. 내가 재미있는 이야기를 하면 한 번이라도 더 나를 쳐다봐줄 것 같아서다. 딸에게 들려주는 이야기는 재미있으면서도 도움이 되는 것이어야 했다. 재미있는 과학 이야기는 어떨까? 나는 상처에서 나오는 빨간 피와 상처가 아물어 생긴 딱지를 보면서 핏속에 들어 있는 백혈구가 우리 몸을 어떻게 멋있게 지키는지를 이야기했다. 또 진화론에 대한 과학책을 일부러 꺼내 와 함께 읽으면서, 원숭이가 사람으로 변해가는 (시각적으로 다소 충격적인) 인류 진화의 역사를 드라마틱하게 설명해주기도 했다.

그런데 딸에게 들려주는 이야기에는 한계가 있었다. 엄마가 약간의 과장을 섞어 조금씩 들려주는 이야기만으로는 아이의 집중력을 붙잡아두기가 영 어려웠다. 나의 야심 찬 과학 강연은 잠들기 직전 침대맡에서 시작해 겨우 20분이면 끝나곤 했다. 이야기가 금세 옆길로 새거나 아이가 잠들어버렸다. 과학적 사실을 재미있는 이야기로 들려주기 위해 온갖 비유를 동원해봤지만 나의 빈약한 상상력과 어휘력에 좌절하기 일쑤였다. 나는 다시 고민했다. 어떻게 하면 딸에게 도움이 되는 이야기를 재미있게 해줄 수 있을까?

그러다 우연히 『불량엄마의 생물학적 잔소리』라는 책을 알게 됐다. 엄마가 사춘기 딸에게 하고 싶은 말(딸에게는 '잔소리')에 생물학 지식을 쉽게 녹여낸 과학서다. 사춘기 딸을 키우는 어려움이 묻어나는 육아서 같기도 하다. 책을 읽다 보면 딸을 키우는 동료로서의 애환(?)이 느껴진다. 책의 저자인 송경화 박사는 딸이 음식을 골고루 먹어야 하는 이유, 운동을 열심히 해야 하는 이유 등에 대해 자세하면서도 친절하게, 때로는 시크하게 생물학적으로 설명한다. 딸은 엄마가 하는 이야기가 처음에는 잔소리처럼 들렸지만 결국 그 이야기를 통해 생물학을 이해하는 데 큰 도움이 되었다고 말한다.

나는 이 책을 보고 이거다! 싶었다. 저자는 '불량엄마'를 자청하며 자신의 전문분야인 생물학을 도구 삼아 딸에게 하고 싶은 이야기를 조곤조곤 건넨다. 그런 저자의 이야기 방식을 나도 빌려보고 싶었다. 약학을 오래 공부한 내가 딸에게 해줄 수 있는 이야기 도구는 역시 '약'이면 좋을 것 같았다. 약에 대한 재미있는 지식을 도구 삼아, 인생을 먼저 살아본 선배로서 얻은 지혜를 딸에게 건네주고 싶었다.

"엄마는 약이 잘 만들어졌나 알아보는 사람이야."

딸은 나의 직업을 이렇게 알고 있다. 맞는 말이다. 약사 엄마가 십수 년간 식품의약품안전처 연구직 공무원으로 일했던 것도, 그리고 지금은 제약회사에서 품질보증 업무를 하는 것도 저렇게 요약할 수 있다. 엄마가 아침에 집을 나가 저녁 늦게까지 하는 일이 무엇인지 가끔은 궁금할 것이다. 그런 딸에게 내 직업은 딱 한 문장으로 정리가 됐다.

 약의 역사는 인류의 역사만큼이나 길다. 아주 오래전 버드나무 잎을 씹어 통증을 다스리던 시절부터 딱 한 번 치료로 유전병이 낫는다는 수십억 원짜리 유전자치료제에 이르기까지, 오랜 세월 동안 수많은 시행착오 끝에 많은 약이 탄생해왔다. 약이 몸속에서 치료효과만 딱 내고 사라지면 좋은데, 실제로는 그렇지 않다. 모든 약은 '치료효과'와 '독성'이라는 양면성을 지닌다. 그걸 알게 되기까지 참혹한 부작용을 대가로 치르기도 하면서, 인류는 수많은 질병에 대한 치료제를 찾아내고 만들었다. 그 결과 건강하게 백 세까지 살 수 있는 시대가 열렸다.

 그럼에도 여전히 원인조차 모르는 난치병이 많다. 수많은 과학자들이 밤을 새워가며 왜 병이 생기는지, 어떻게 해야 나을 수 있는지를 연구하는 이유다. 질병의 원인을 눈에 보이지 않는 분자 수준에서 밝히고, 그 부위에 정확히 들어맞아 부작용 없이 치료효과를 내는 '마법의 탄환'을 찾는 것이 전 세계 약학자들의 공통된 연구과제다.

 나는 그 연구의 바다 언저리에서 모래알만큼 작은 조각을 주워 맛보았을 뿐인데도 그 오묘함과 신묘함에 매료되었다. 이 흥미로운 이야기를 딸에게도 해주고 싶었다. 살다 보면 한 번쯤 맞닥뜨리는 질환과 그에 맞는 약이 있다. 인생의 특정 시점에만 필요한 약이 있는가 하면, 어떤 약은 평생에 걸쳐 만난다. 여성이기 때문에 만나는 약도 있다. 딸이 일생을 살면서 만날 약에 대한 상식을 재미있게 알려주면 앞으로 건강을 지키는 데 도움이 될 것이다. 약 이야기에 덧붙여, 딸에게 해주고 싶은 인생에 대한 이야기도 함께 담았다.

이 책의 1부에서는 딸이 어린 시절 필요로 했던 약에 대해 다룬다. 영·유아 시절에는 면역력이 아직 완전하지 않기 때문에 각종 감염성 질병에 노출된다. 어린이집에서 단체생활을 시작하면서부터 병원을 찾는 횟수가 크게 는다. 아이들은 감염성 질환을 이겨내기 위해 약을 복용하며 예방주사를 맞아야 한다. 어린이집에 다니는 딸이 감기에 걸리면 그때마다 우리는 병원과 약국을 찾았다. 또 시기에 맞춰 맞아야 하는 예방주사는 딸이 건강하게 성장하기 위한 필수 코스다. 딸이 약을 먹고 주사를 맞으며 면역력을 키워가는 과정을 지켜보는 것이 딸의 건강을 지키키 위한 엄마로서의 첫 번째 역할이었다.

2부는 청소년기를 보내는 십 대 딸을 위한 이야기다. 사춘기를 맞이한 딸은 몸과 마음에 많은 변화를 겪는다. 솟구치는 호르몬이 온몸을 지배하고, 이로 인해 감정 기복도 심해진다. 이 시기에는 스스로 감당하기 어려운 변화를 겪게 되는데, 이를 잘 이겨낼 수 있도록 엄마로서 어떻게 도와줄지에 대한 고민을 담았다. 몸과 마음의 건강을 지킬 수 있는 약과 더불어 이 시기를 잘 넘길 수 있는 마음가짐에 대한 조언을 함께 담았다.

    3부에서는 임신과 출산을 다룬다. 만약 딸이 새로운 생명을 낳겠다는 결정을 한다면 알아두어야 할 것이 많다. 임신과 출산, 그리고 수유는 여성의 몸과 마음을 송두리째 바꾸는 큰 이벤트다. 남들도 다 하니 쉬워 보일 수 있지만 정작 '내 일'이 되면 말할 수 없이 힘들고 당혹스럽다. 몸뿐만 아니라 정신적인 스트레스도 큰 이 시기에 도움을 줄 수 있는 약에 대한 이야기를 썼다.

    4부에서는 더 나이가 들어 '노화'를 겪으며 사용할 약에 대해 이야기했다. '건강 백세' 시대에도 노화는 피할 수 없다. 호르몬이 줄어들고 몸속 장기들이 노화함에 따라 여러 질병에 걸릴 수 있다. 인생의 어느 때보다도 다양한 약이 필요한 시기이다. 나도 인생의 어느 시점부터는 딸과 함께 나란히 노화를 겪을 때가 올 것이다. 이제는 노화도 '인생의 한 과정'으로 즐겁게 받아들이자는 사회 분위기다. 노년을 건강하고 현명하게 보내도록 돕는 약에 대해 이야기했다.

    마지막 5부에서는 평생에 걸쳐 만나는 약에 대한 이야기를 담았다. 소화제는 속이 더부룩한 불편함을 덜어주고, 항생제는 감염과 싸우는 데 필수적이다. 그런가 하면 구충제는 주기적으로 복용하면 몸속에 들어와 있을지 모르는 기생충을 제거해준다. 그리고 영양제는 매일 신경 써서 복용해야만 효과를 기대할 수 있다. 살면서 가끔 불편할 때 만나는 약과 매일 만나는 영양제에 대한 이야기와 더불어 딸에게 주고 싶은 메시지를 함께 녹였다.

어쩌다 엄마가 되었지만 나는 아직 '좋은 엄마'가 되기 위해 갈 길이 멀다. 일하면서 엄마 노릇까지 하며 산다는 것이, 내 깜냥으로 영 쉽지 않다. 부족한 시간과 에너지를 가지고 어떻게 하면 아이도 잘 키우고 스스로도 잘 클 수 있을지 늘 고민한다. 그런 내가 딸의 건강한 삶을 위해 잘할 수 있는 일은, 그간 공부해온 '약'과 관련된 재미있는 이야기를 들려주는 것이라고 생각했다.

나 역시 우리 엄마의 딸이고 어릴 때 엄마에게서 배운 인생 지혜를 마음에 새긴 채 살고 있다. 마흔 살이 넘은 지금도 잊을 만하면 어릴 적 엄마 잔소리가 생각나 마음을 다잡곤 한다. 모든 엄마는 딸의 인생 최고 선배다. 나 또한 한 명의 인생 선배가 된 마음으로 이 책을 썼다. 세상 모든 딸과 엄마들이 백 세까지 건강하게 사는 데 나의 글이 작게나마 도움이 되었으면 한다.

감사의 글

 이 책이 세상에 나오기까지 처음부터 큰 힘이 되어주신 하리하라 이은희 작가님께 깊이 감사드립니다. 책의 방향과 글에 대한 구체적인 조언을 아낌없이 나누어주셨기에 제가 끝까지 걸어올 수 있었습니다.
 이 책을 함께 만들어주신 궁리출판 편집주간님께도 감사드립니다. 제 글을 책으로 펴내는 용기를 품을 수 있도록 해주셨고, 원고를 다듬는 과정에서도 큰 힘이 되어주셨습니다.
 늘 곁에서 힘이 되어주는 남편과, 이 책을 쓰게 된 가장 큰 이유이자 영감이 되어준 딸 서윤이에게도 고마움을 전합니다.

 그리고 가장 가까이에서 '엄마'의 마음과 모습을 보여주신 저희 엄마와 시어머니, 그리고 할머니께 이 책을 바칩니다. 엄마들이 계시기에 저 또한 한 엄마로 살아갈 수 있는 용기를 얻습니다. 더불어 언제나 든든한 버팀목이 되어주신 아버지와 가족들에게도 감사드립니다.

직장에서의 시간 또한 제게 큰 배움이 됩니다. 좋은 동료들과 즐겁게 일하며 함께 성장할 수 있음을 늘 감사히 생각합니다.

마지막으로, 이 책을 펼쳐 읽어주신 모든 분들께 마음을 다해 감사드립니다.

차례

프롤로그	5
감사의 글	12

1 점점 씩씩해지는 병아리 같은 너에게   17

1. 열이 날 땐, 해열제—몸이 불덩이인 너에게 처음 먹인 약   19
2. 아프기 전에 미리미리, 백신
   —미리 싸워 보는 연습이 필요한 이유   27
3. 콧물·기침 날 때, 감기약
   —자신의 면역력을 믿으면서 기다려야 하는 시간   35
4. 배 아플 때, 정장제와 지사제—잘 헤어지는 일의 중요성   43
5. 가렵거나 피날 때, 연고—잘 보이는 만큼 잘 알 수 있지   51

2 성장의 바다에서 헤엄치는 너에게   59

6. 키 크는 걸 조절할 때, 성장호르몬 주사
   —누구에게나 각자의 때가 있다   61
7. 생리통 때문에 불편할 때, 생리통 약
   —불편함은 덜고 생각은 다르게 해보기   69

8	아프기 전에 미리미리, 백신 두 번째 이야기	
	—'잘 이기는 몸' 만들기는 계속된다	79
9	여드름이 걱정일 때, 여드름 치료제	
	—호르몬이 폭발하는 사춘기에 해야 하는 일	89
10	체중을 조절할 때, 비만치료제	
	—내가 원하는 내 모습을 만들려면	97

③ 새로운 생명을 품고 낳을 이들에게   107

11	물 한 모금 삼키기 힘들 때, 입덧약	
	—생각지 못한 어려움을 덜어내는 방법에 대해	109
12	견딜 수 없는 고통에는, 마취제	
	—몸과 마음의 아픔을 다스리는 방법에 대해	117
13	아기에게 젖을 그만 줘야 할 때, 단유약	
	—한 계단 성장을 위해 우리가 한 일	125
14	여성호르몬을 조절할 때, 경구피임약	
	—우리 몸에도 때로는 하얀 거짓말이 필요해	133

④ 함께 나이 들어가는 너에게   143

15	뼈를 지켜야 할 때, 골다공증약—나를 지탱해주는 것의 소중함	145
16	암에 걸렸을 때, 항암제—나이면서 내가 아닌 존재를 다스리는 법	155
17	치매 진행 속도를 늦출 때, 치매약	
	—행복했던 기억을 더 오래 간직하기 위해	163

18	혈당을 조절해야 할 때, 당뇨약	
	—달콤한 게 좋아도 피까지 달콤해선 안 되지	173
19	혈압을 조절해야 할 때, 고혈압약	
	—피도 마음도 매끄럽게 돌아야 하니까	183
20	뼈마디가 아플 때, 파스—아픈 관절에 착 붙이면 이만한 게 없지	193

5 살면서 늘 함께할 너에게   201

21	먹은 것이 탈 났을 때, 소화제	
	—음식도 생각도 온전히 '내 것'으로 만들기 위해	203
22	세균 감염을 막을 때, 항생제	
	—뛰는 우리들 위에 '그들'이 날아다니는 걸 막으려면	211
23	반갑지 않은 손님 내보내는 법, 구충제	
	—우리 삶에도 정기적인 청소가 필요해	219
24	불포화지방산을 보충할 때, 오메가-3	
	—매일 조금씩 쌓으면 얻을 수 있는 것	225
25	식사로는 부족한 뭔가를 채워야 할 때, 비타민제	
	—너와 나의 비타민은 무엇일까	231

에필로그   239

1

점점 씩씩해지는
병아리 같은 너에게

1

열이 날 땐, 해열제

몸이 불덩이인 너에게 처음 먹인 약

엄마는 너에게 처음 약을 먹이던 날을 기억해. 작은 너의 몸이 평소보다 더 따뜻하게 느껴졌어. 평소처럼 활발히 놀지 않는 네 모습에 뭔가 느낌이 이상하기에 얼른 체온계를 가져와 귓구멍에 댔어. 38.5도. 체온계 화면이 경고하는 듯한 노란색으로 변했어. 그리고 그건 네 몸이 뭔가와 전쟁을 시작했다는 신호였지.

엊그제 너와 함께 쇼핑몰에 갔던 외출이 무리였나 싶었어. 환절기라 감기가 유행이라는 이야기를 들었지만, 온종일 집에만 있기 답답했던 엄마가 '오랜만에 바깥바람도 쐬고 커피도 한 잔 마시자!' 하고 아기띠를 두르고 나간 게 문제였던 걸까. 그사이 감기 바이러스가 네 몸에 들어온 것 같더라. 시간이 지날수록 온도계의

숫자가 서서히 오르고, 너는 점점 더 축 처져서 활기를 잃었어.

엄마는 약에 대해 오래 공부한 약사지만, 막상 네게 열이 나니 그동안 공부한 지식이 잘 떠오르지 않았어. 다른 사람에게 조언을 해줄 때는 해열제를 먼저 먹이라고 당연하게 말할 수 있었지만, 내 아이가 직접 겪으니 머릿속이 하얘지더라고. 역시 뭐든지 직접 경험하는 게 중요해.

다행히 집에 준비해둔 타이레놀 시럽이 있었지. 설명서에 적힌 대로 네 몸무게에 맞춰 약을 먹였어. 얼마 지나지 않아 체온이 서서히 내려가는 걸 확인할 수 있었어. 밤새 열을 재며 지켜보다가 다음 날 소아과 병원에 널 데리고 갔지. 의사 선생님은 감기라고 하셨고, 약을 처방해주셨어. 처방받은 감기약 안에 해열제 성분도 포함되어 있었고, 엄마는 그 약을 먹이며 너의 열을 내렸단다.

우리 몸의 온도 설정값을 원래대로 되돌리려면

감기에 걸려서 열이 난다는 건 우리 몸의 정상적인 면역반응이야. 면역반응이 뭐냐고? 우리 몸이 외부에서 들어오는 침입자를 막기 위한 반응이야. 눈에 보이지 않는 바이러스, 세균 같은 작은 생물이 침입해서 영역을 넓히면 우리 몸이 위험해질 수 있어. 그래서 이들을 물리치기 위해 몸속 군대가 출동해서 전투가 일어난단다.

그때 만들어지는 '프로스타글란딘'이라는 물질이 뇌의 체온조절 장치를 건드리는 일이 일어나기도 해. 그러면

우리 몸의 온도 설정값이 높아져서 체온이 높아지게 된단다. 마치 보일러 온도 설정값을 올리면 보일러가 돌아가면서 집안 온도가 올라가는 것과 같지. 그래서 열이 나는 건 침입자를 죽이기 위한 우리 몸의 방어체계가 정상적으로 작동한다는 증거이기도 해. 그런데 체온이 너무 많이 오르면 몸이 위험해질 수 있어. 특히 아이들의 경우에는 열이 나면서 몸이 처지고 잘 먹지 못하면 해열제를 써서 열을 내려줘야 해.

해열제는 우리 몸에서 프로스타글란딘이 나오는 것을 막아준단다. 그래서 우리 몸의 온도 설정값을 원래대로 되돌리는 역할을 해. 대표적인 해열제 성분은 아세트아미노펜과 이부프로펜이야. 아세트아미노펜은 '타이레놀'이라는 상표명이, 이부프로펜은 '부루펜'이라는 상표명으로 잘 알려져 있어. 아세트아미노펜과 이부프로펜 모두 열을 내려주고 통증도 없애 주는 일을 해. 두 성분의 다른 점이 있다면, 아세트아미노펜과 달리 이부프로펜은 염증을 없애주는 작용도 한다는 거야. 두 성분 모두 열을 내리는 작용을 하기 때문에 해열제로 쓸 수 있어.

둘 다 워낙 잘 알려져 있는 성분이고, 앞으로도 종종 만날 일이 있으니 조금 더 설명해볼까? 아세트아미노펜은 해열·진통 효과가 뛰어난 대신 염증을 없애주는 효과는 약해. 대신 먹고 속이 쓰리다든지 하는 부작용이 적지. 그래서 식사와 관계없이 복용할 수 있어.

이부프로펜도 아세트아미노펜처럼 해열·진통 작용이 있는데, 거기에 더해 염증을 없애주는 일도 해. 한 가지 일을 더 하니 몸에 더 좋을 것 같다고? 그런데 이부프로펜은 위장에 부작용이 있을 수 있어. 그래서 복용하면 속이 쓰리고 아플 수 있으니 식사 후에 복용하는 게 좋아. 그리고 아세트아미노펜과 이부프로펜 둘 다 과하게 복용하면 각각 간과 신장을 다치게 할 수 있으니 양과 간격을 꼭 지켜 복용해야 해.

사람마다 증상이 다르고 나타날 수 있는 약효와 부작용이 달라서, 약을 써봐야 비로소 알 수 있어. 그래서 아세트아미노펜과 이부프로펜 두 가지를 사두고, 한 가지를 써봐서 열이 내리지 않을 땐 한두 시간 간격을 두고 지켜보다가 다른 종류의 해열제를 복용하는 방법을 쓴단다. 아세트아미노펜으로는 잘 듣지 않는 열이, 이부프로펜을 복용했을 때 비로소 내리는 경우가 있는가 하면 그 반대의 경우도 있지. 같은 종류 해열제끼리는 4시간 간격을 지켜서 복용해야 하고, 정해진 양만 복용하는 걸 잊으면 안 돼.

해열제처럼 유용하게 쓰인 막대 사탕처럼

　감기에 걸려서 열이 날 때 해열제를 쓰는 것은 근본적인 치료 방법은 아니야. 열이 나는 이유는 다양하지만, 어린아이가 열이 나는 이유는 대부분 감기 같은 감염성 질환 때문이지. 앞서 말한 것처럼 열은 우리 몸 안에서 바이러스나 균의 침입에 맞선 전투가 벌어졌을 때 일어나는 자연스러운 현상이야. 하지만 열이 너무 오르다 보면 탈수가 일어나거나 조직이 손상되는 것처럼 몸에 치명적인 일이 벌어질 수 있기 때문에 해열제를 쓰는 거지.

　열이 오르지 않게 하는 가장 근본적인 방법은 감염성 질환에 걸리지 않는 것이지. 하지만 살다 보면 우리는 어쩔 수 없이 감기 바이러스에 노출되곤 해. 특히 어린이집이나 학교에서처럼 아이들이 많이 모여 생활하는 곳에서 자주 그런 일을 겪지. 그래서 아이들이 감기에 걸려 열이 나면 바로 해열제를 써서 열을 내려주는 조치를 먼저 하곤 한단다.

　서윤아, 그거 아니? 살면서 생기는 다른 많은 문제들이 열 날 때 해열제를 쓰는 방식으로 해결되기도 한다는 것을 말이야. 예전에 서윤이랑 엄마가 마트에 갔을 때 이런 일이 있었어. 엄마랑 서윤이 단둘이 외출했는데, 네가 장난감 코너에서 〈콩순이 병원놀이〉를 사달라고 떼를 썼어. 엄마는 간단한 반찬거리 사려고 간 건데, 서윤이가 조른다고 해서 계획에도 없는 비싼 장난감을 갑자기

사줄 순 없었어. 이 상황의 가장 근본적인 해결책은 서윤이에게 왜 지금 〈콩순이 병원놀이〉를 사줄 수 없는지, 사준다면 언제 사줄 수 있는지 논리적으로 설명해서 납득시키는 거였지. 만약 그래도 문제가 해결 안 되면 쇼핑을 중단하고 널 번쩍 들고 데리고 나오거나. 하지만 어디 그게 쉽니? 떼쓰는 너에게 논리적인 설명이 먹힐 리 없잖니. 쇼핑을 바로 중단하는 것도 쉽지 않은 일이고 말이야. 얼른 식재료를 사갖고 집에 가야 저녁을 만들어 먹을 테니, 엄마는 그 문제를 신속하게 해결해야 했지.

결국 엄마는 주머니에서 추파츕스 사탕을 하나 꺼냈어. 네가 딸기맛 사탕을 빨아먹으며 달콤한 맛에 취해 있는 동안, 엄마는 필요한 물건을 얼른 집어 계산을 마치고 나왔단다. 비록 장난감 구매에 대한 서윤이와 엄마의 대타협은 그 자리에서 이루어지지는 못했지만, 상황 자체는 빠르게 정리됐지.

그 후로도 추파츕스 사탕은 어려운 상황에서 유용하게 쓰였단다. 마치 감기 바이러스를 완전히 잡지는 못하지만 감기 때문에 열이 날 때 열을 내려주는 해열제 시럽처럼 말이야. (나중에 어금니가 썩어서 치과 치료 받은 데 추파츕스도 한몫했다는 건 약이 가진 '부작용'에 빗댈 수 있겠지.)

앞으로 네가 많은 시간을 보낼 학교에서의 생활도 마찬가지란다. 친구와 불편한 상황이 언제든 생길 수 있어. 그런데 그걸 어느 정도까지 해결할 것인지는 서윤이가 결정해야 할 거야. 어떤 불편함이냐에 따라 다르겠지. 계속 심한 불편함을 주는 친구와의 관계는 선생님이나 엄마에게 꼭 얘기해서 해결해야 하지만, 의견이 맞지 않아 생기는 약간의 다툼이나 불편함은 그 상황을 서윤이 스스로 잘 대처하는 것으로 해결할 수 있지. 친구와 약간의 말다툼이 있을 때마다 반을 바꿔버리거나 아예 그만 다닐 수는 없으니까 말이야. 친구들과 생기는 불편한 상황에 대처하는 연습을 하다 보면, 어느 순간 '나만의 매뉴얼'이 생기는 걸 알게 될 거야. 마치 어떤 해열제가 열을 내리는 데 효과적인지 직접 복용해봐야 아는 것처럼 말이야.

이렇게 삶은 내게 닥친 크고 작은 문제를 직접 부딪쳐 가면서 너만의 방법을 찾는 여정이란다. 어려울 것 같다고? 여기 엄마가 있잖니. 해열제가 열을 내려서 기운을 되찾도록 도왔던 것처럼, 엄마가 도와줄 수 있어. 엄마는 너에게 필요한 약도 줄 수 있고, 동시에 인생을 건강하게 사는 데 필요한 경험도 얼마든지 나눠줄 수 있으니 걱정하지 않아도 된단다.

참고자료

1) 약학정보원, 해열제
2) 서울아산병원 어린이병원, 열감기란
3) 위키피디아, 프로스타글란딘

2

아프기 전에 미리미리, 백신

미리 싸워보는 연습이 필요한 이유

"엄마, 나 내일 학교 안 가면 안 돼?"
"왜? 무슨 일 있었어?"
"○○이가 나 콧수염 있다고, 남자 같다고 말해서 속상해!"

네 입술 위의 까뭇한 털이 친구 눈에 띄었나봐. 자초지종을 들어보니 친구는 별생각 없이 네 외모에 대해 툭 말을 던진 모양이었어. 하지만 넌 그 말에 상처를 받고 속이 상해 눈물까지 그렁그렁했지. 친구가 그런 말을 했으니 너는 당장 이 털을 없애야 한다고 했어. 하지만 엄마는 그보다 먼저 해야 할 일이 있다고 말해주었지. 친구의 의도가 어땠든, 외모에 대한 말로 네가 기분이 나빴으니 친구에게 그 점을 정확히 이야기하는 것이었어. "네 말이 나를 몹시 속상하게 했으니, 다시는 그런 말을 하지 말아줘."라고 말이야.

학교에서 다양한 친구들과 많은 시간을 보내다 보면 언제든 이런 일이 있을 수 있어. 가끔은 마음이 많이 상할 때도 있지. 하지만 친구의 말 한마디 때문에 매번 외모나 행동을 바꿀 수는 없어. 친구의 무심한 말이 너에게 상처가 되었다면, 그 점을 친구에게 분명히 전달해야 해. 엄마나 선생님이 나서기 전에 네가 먼저 해야 할 중요한 일이란다. 사실 이런 일이 어렵다는 거, 엄마도 잘 알아. 하지만 학교생활을 하면서 꼭 필요한 연습이기도 해.

우리가 쓰는 약 중에도 연습을 위해 필요한 약이 있단다. 바로 '백신'이지. 백신은 아픈 것을 치료하기 위한 약이 아니라, 병에 걸리지 않도록 미리 대비하는 약이란다. 백신 주사를 맞는 것을 '예방접종'이라고 해. 예방접종은 우리 몸의 면역세포들이 미리 침입자와 싸워볼 수 있도록 기회를 주는 거야.

우리 몸의 침입자와 벌이는 전투

백신에 대해 말하기 전에, 먼저 우리 몸의 면역체계에 대해 간단히 설명해볼게. 우리 몸의 면역기능을 담당하는 세포는 주로 핏속에 들어 있는 '백혈구'란다. 백혈구는 종류가 아주 많은데, 역할

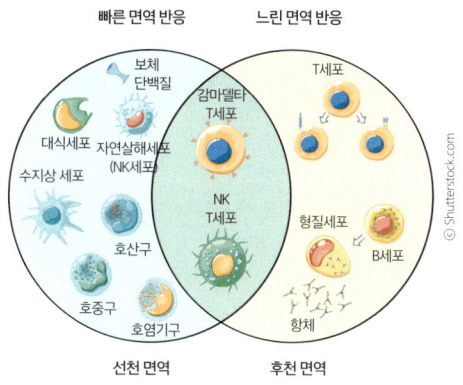

백혈구의 종류

에 따라 선천 면역 담당과 후천 면역 담당으로 나눌 수 있어. 선천 면역을 담당하는 백혈구는 처음 보는 외부 침입자도 구별해서 싸울 줄 알지. '대식세포'나 '자연살해세포'가 선천 면역을 담당하는 백혈구들이야.

반면 후천 면역을 담당하는 백혈구는 B세포와 T세포가 있어. 이들은 외부 침입자와 한 번 싸워본 뒤, 그 침입자의 모습을 기억해둔단다. 이렇게 침입자를 기억했다가 다시 그 침입자가 나타나면 신속하고 효과적으로 싸울 준비를 할 수 있지. B세포는 병원균을 죽이는 무기인 '항체'를 만들어낸단다. 반면 T세포는 감염된 세포를 직접 죽이거나 다른 면역세포를 돕는 방식으로 침입자와 싸우지.

백신은 이 후천 면역 반응을 이용해 만든 약이야. 백신을 통해

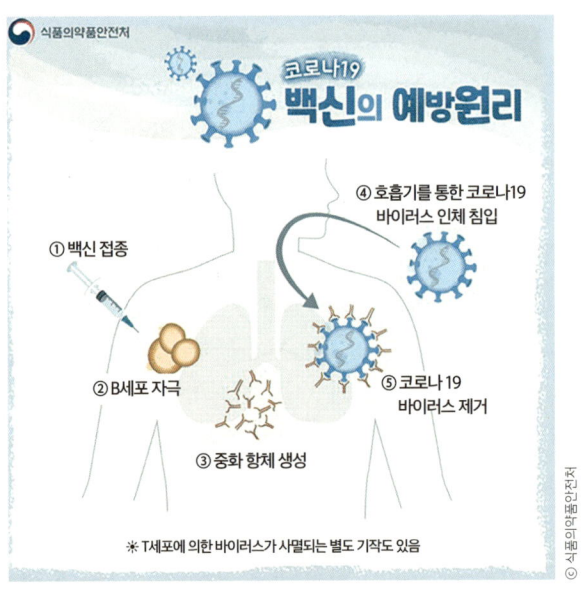

코로나 백신의 예방원리

  우리 몸의 면역세포들에게 미리 침입자를 보여주고 연습하게 해서, 실제로 침입자가 들어왔을 때 더 빠르게 대처할 수 있도록 하는 것이지. 간혹 백신을 맞고 나서 열이 나거나 몸살이 나는 건 우리 몸이 침입자와 먼저 전투를 연습하고 있다는 신호란다.

  백신은 침입자를 어떤 형태로 포함하고 있느냐에 따라 '생백신'과 '사백신'으로 나눌 수 있어. '생백신'은 살아 있는 세균이나 바이러스를 함유한 백신이야. 세균이나 바이러스가 팔팔하게 살아 있는 채로 접종하면 몸에서 병을 일으킬 수도 있겠지? 그래서 생백신을 만들 때는 보통 독성을 약하게 만드는 '약독화' 과정을 거쳐 만든단다. 이렇게 약독화한 생백신은 한 번의 접종만으로 효과가 오랫동안 지속되어서 병을 예방하는 효과가 비교적 확실하지. 하지만 살아 있는 균이기 때문에 면역력이 떨어진 상태에서 접종하게 되면 몸에서 병을 일으킬 수 있기 때문에 주의해야 해. 대표적인 생백신으로는 결핵을 예방하기 위한 BCG 백신이 있어. 다른 생백신으로는 로타바이러스 백신, 수두 백신 등이 있단다.

그에 비해 '사백신'은 세균이나 바이러스를 불활성화한 백신이야. 세균이나 바이러스를 아예 죽였거나 일부 조각만 함유한 백신이지. 생백신처럼 몸속에서 증식할 가능성은 없으니, 조금 덜 위험하겠지? 하지만 사백신으로는 면역세포가 실전보다 약하게 연습을 하는 셈이라서, 한 번의 접종만으로는 면역 형성이 완전하지 않을 수 있어. 그래서 접종을 여러 번 해야 하지. 또 면역 효과도 생백신에 비해 더 짧게 나타난단다. 대표적인 사백신으로는 디프테리아·파상풍·백일해를 예방하기 위한 DTaP 백신, 폐렴구균을 예방하기 위한 PCV 백신 등이 있어.

면역력을 갖춘 우리의 몸과 마음을 위해

네가 태어났을 때부터 '필수 예방접종'이라는 프로그램에 따라 많은 예방주사를 맞아왔단다. 우리나라 사람들이 걸릴 수 있는 감염병을 예방하도록 꼭 맞아야 하는 백신들이었지. 네가 가장 먼저 맞은 건 태어난 직후 병원에서 맞은 B형 간염 백신이었어. 그리고 태어난 지 한 달 됐을 때 결핵 예방 백신인 BCG 백신을 맞았어. BCG 백신은 피내용이냐 경피용이냐를 선택할 수 있었는데, 엄마는 흉터가 좀 덜 생긴다는 말에 팔뚝에 도장처럼 꾹 눌러 찍는 '경피용'을 선택했어. 네 왼쪽 팔뚝 위에 아직도 점점이 남아 있는 접종 자국을 남긴 그 백신이지.

그 후로도 너는 일정에 맞춰 꼬박꼬박 예방주사를 맞아왔어. 디프테리아·파상풍·백일해를 예방하기 위한 DTaP 백신, 소아마비를 예방하기 위한 IPV 백신, 로타바이러스를 막기 위한 RV 백신, 폐렴구균을 예방하기 위한 PCV 백신 등 이름도 종류도 기억하기 힘들 정도로 많은 백신 접종을 했어.

백신 이름만 들어서는 이 백신이 어떤 세균이나 바이러스를 예방하는지 짐작이 안 될뿐더러 도대체 언제 몇 번이나 챙겨 맞아야 하는지 알기 어렵지. 다행인 건, 이 모든 걸 엄마가 전부 기억해서 챙길 필요가 없었다는 거야. 아기가 태어나면 병원에서 '아기수첩'을 주는데, 거기에 예방접종 일정이 표시되어 있어서 언제가 다음 예방접종일인지 알 수 있었어. 또 예방접종을 하고 나면 병원에서 '질병관리청 예방접종도우미' 사이트에 접종기록을 등록해주었고, 다음 예방접종일을 알려주는 문자 메시지를 받을 수 있었단다. 예방접종도우미 사이트에 들어가면 네가 어떤 백신을 언제 접종했는지 그 이력을 정확히 알 수 있지.

전염성 질환을 예방하려면 사회 구성원 모두가 예방접종을 해서 전염을 완전히 차단하는 게 효과적이야. 그래서 예방접종 이력을 나라에서 관리하지. 특히 아이들이 어렸을 때부터 전염성 질병에 면역력을 갖추게 하기 위해 〈어린이 국가예방접종 지원사업〉을 통해 우리나라에 사는 어린이들이 정해진 백신을 무료로 접종받도록 하고 있어.

앞서 말했듯 백신은 아픈 몸을 치료하기 위해 맞는 주사는 아니야. 아프기 전에 미리 맞는 주사지. 엄마가 생각하기에 학교에 다니면서 친구들과 겪는 많은 일은 어른이 되기 전에 미리 맞는 백신과도 같아. 네가 어른이 되어 어떤 일을 하며 살든 다른 사람들과 함께 잘 어울려 사는 것이 매우 중요하단다. 그래서 학교에서 다양한 친구들과 함께 지내면서 갈등을 겪기도 하고 좋은 추억을 쌓기도 하면서, 사람들 사이에서 살아가는 '연습'을 하는 거지.

만약 지식을 쌓는 것만이 유일한 목표라면 학교에 다니는 대신 인터넷 강의를 듣는 것만으로도 충분할지 몰라. 하지만 우리가 학교에 다니면서 많은 친구들과 함께 어울려야 하는 이유는, 다른 사람과 있을 때 생길 수 있는 불편함을 감수하면서도 충분히 잘 어울려 살아가는 방법을 미리 알기 위해서지. 마치 우리 몸이 백신을 통해 미리 세균이나 바이러스에 대처하는 연습을 해보는 것처럼 말이야. 그러면 어른이 되었을 때 다른 사람들과 어떻게 지내야 잘 어울려 살아갈 수 있을지 알게 될 거야.

너는 네 외모에 대해 아무렇지 않게 말한 친구가 불편하다고 했지. 네게 불편함을 주는 그런 친구에게는 불편하게 하는 말을 하지 말아달라고 똑바로 말해주어야 해. 그날따라 가방을 메고 학교로 향하는 네 뒷모습이 좀 힘들어 보이더라. 엄마는 속으로 '우리 딸 화이팅!'을 외쳤단다. 네가 따끔한 백신 주사를 꾹 참고 맞을 수 있도록 응원했던 것처럼 말이야. 백신 주사가 따끔했던 건 서윤이 혼자 이겨내야 했지만 사회생활 백신은 엄마가 옆에서 힘껏 도와줄 테니까, 어렵지 않을 거야.

참고자료

1) 백신제제의 특징, 용법 및 주의사항, 이소현, 병원약사회지(2012)
2) Autism and Vaccines, Centers for Diseases Conrol and Prevention, 미국 질병관리청
3) 질병관리청, 표준예방접종일정표(2023)
4) 질병으로부터 건강을 지켜주는 백혈구 어벤저스 — 체계적 방어로 물 샐 틈 없이 우리 몸 지키는 면역세포 이야기, 한국기초과학연구원

3

콧물·기침 날 때, 감기약

자신의 면역력을 믿으면서 기다려야 하는 시간

서윤아, 몇 년 전 코로나19 바이러스가 유행했던 것 기억하지? 중국 우한에서 새로운 전염성 바이러스가 퍼지면서 모두가 큰 혼란에 빠졌지. 처음엔 이 바이러스의 정체를 몰라 두려워했지만, 곧 '코로나19 바이러스'라는 호흡기 바이러스라는 사실이 밝혀졌어. 그때부터 사람들은 감염을 막기 위해 마스크를 쓰고, 사회적 거리두기를 지키기 시작했지. 학생들은 학교에 가지 않고 원격수업을 듣고, 직장인들은 직장에 출근하는 대신 집에서 재택근무를 했지. 확진자나 접촉자는 감염력이 사라질 때까지 자가격리를 해야 했고 말이야.

새로운 감염병 사태로 난리를 겪었던 건, 바로 눈에 보이지 않

는 바이러스 때문이었지. 사실 코로나 바이러스는 완전히 새로운 바이러스는 아니야. 원래도 사람의 호흡기에서 감기를 많이 일으키는 바이러스 중 하나지. 우리를 지난 몇 년간 힘들게 했던 코로나19 바이러스 사태는 바로 이 코로나바이러스의 변종 중 하나가 퍼지면서 일어났던 거였지.

바이러스가 도대체 뭘까? 바이러스는 살아 있는 세포에 침투해 그 안에서만 생명활동을 하는 미생물이야. 스스로는 생명을 가지고 살아갈 수 없어서, 숙주세포에 들어가 자신의 유전정보를 복제하고 증식하지. 그러면서 질병을 일으키는 거야. 바이러스는 가지고 있는 유전정보가 DNA냐, RNA냐에 따라 종류가 나뉜단다. 엄마가 이야기하려고 하는 감기의 주된 원인도 바이러스야. 감기를 일으키는 건 대부분 리노바이러스와 코로나바이러스인데, 모두 RNA 바이러스지. RNA는 DNA보다 모양이 바뀌기가 쉬워서 변종도 잘 생긴단다. 그래서 감기를 치료하는 약이나 백신을 만들어도 금세 변종 바이러스가 생기면 효과가 떨어지는 거야.

서윤이도 감기에 걸려서 아파본 적이 많이 있지? 감기에 걸리면 콧물, 기침, 목이 아프고 열이 나기도 하지. 감기 증상에 따라 병원에서 약을 처방받아 복용하는 경우가 많아. 그런데 사실 감기

약은 감기를 '치료'하기 위한 약은 아니야. 감기를 일으키는 바이러스를 완전히 없애는 약은 아직 없거든. 감기약은 그저 감기 증상을 완화시켜서 바이러스가 우리 몸에서 스스로 사라질 때까지 조금 더 편하게 기다리게 해준단다. 그리고 혹시 찾아올 수 있는 합병증도 예방해주지.

이럴 때는 이런 감기약

감기 증상에 따라 여러 종류의 감기약이 있어. 엄마가 약국에서 감기약 사는 것 본 적 있지? 주로 '기침약 주세요,' '콧물약 주세요' 아니면 '해열진통제 주세요' 하잖아. 기침, 가래에는 진해제와 거담제를 쓰고, 콧물과 재채기, 코막힘엔 항히스타민제, 비충혈제거제를 쓰지. 그리고 열과 통증을 가라앉히기 위해 해열진통제를 쓴단다. 감기는 보통 여러 증상이 함께 나타나기 때문에, 필요한 데 맞춰 여러 가지 약을 쓰지. 그럼 어떤 약이 감기에 쓰이는지 한번 말해볼게.

먼저 기침을 가라앉히는 '진해제'가 있어. 원래 기침은 기도로 들어온 이물질을 제거하기 위한 우리 몸의 자연스러운 반응이야. 하지만 감기에 걸리면 호흡기 점막이 예민해져서 사소한 자극에도 기침을 자주 하게 되지. 서윤이도 기침을 너무 많이 해서 힘이 다 빠지거나 토할 뻔한 경험이 있지? 진해제는 기침 중추를 억제하거나 자극을 줄여 기침을 멈추게 한단다.

또 '거담제'는 가래를 없애주는 약이야. 원래 우리 몸에선 기도와 점막을 보호하기 위해 점액이 조금씩 나오고 있어. 감기에 걸리면 호흡기를 보호하기 위해 평소보다 점액이 많아지거나 더 끈적해져서 불편해질 수 있어. 거담제는 점액을 묽게 만들어 배출을 쉽게 하거나, 가래를 덜 끈적하게 만들거나, 가래가 좀 덜 만들어지도록 해서 불편함을 줄여주지.

그리고 '항히스타민제'는 콧물과 재채기를 줄여주는 약이야. 히스타민이라는 물질이 과다하게 분비되면 콧물이나 눈물 같은 분비물이 많이 나오고 재채기 같은 알레르기 반응이 나타나지. 항히스타민제는 히스타민이 나오지 못하게 해서 이런 증상을 가라앉혀준단다. 항히스타민제는 나온 시기에 따라 1세대와 2세대로 나눌 수 있어. 1세대 항히스타민제는 효과는 좋지만, 졸음 부작용이 있단다. 이런 부작용을 줄여서 2세대 항히스타민제가 나왔지. 2세대 항히스타민제는 1세대보다 효과는 크지 않지만, 약효가 길고 졸음 부작용이 없다는 장점이 있어.

그리고 '비충혈제거제'가 있단다. 서윤이도 코가 막혀서 숨이 잘 안 쉬어지는 바람에 똑바로 누워서 잠들기 힘들었던 경험이 있잖아. 코가 막히는 이유는 코 점막 안쪽에 피가 모여서 부풀어 오르기 때문이야. 좁아진 콧구멍으로 공기가 잘 못 드나들어서 숨쉬기 힘들지. 비충혈제거제는 코점막 안쪽 혈관을 수축시키고 피가 덜 모이게 해서 코막힘을 해결해준단다. 먹는 약도 있고 코에 직접 뿌리는 약도 있어. 만약 뿌리는 약을 쓴다면 7일 이상 길게 쓰면 오히려 코막힘이 더 심해질 수 있어서 주의해야 해.

마지막으로 '해열진통제'가 있지. 엄마가 앞서 해열제 이야기를 하면서 이미 설명한 적이 있지? 감기에 걸려서 바이러스와 세균이 침투하면, 우리 몸에선 면역반응이 일어나지. 그때 나오는 프로스타글란딘이라는 물질 때문에 몸에서 열이 난다고 했었지. 열이 오르면 우리 몸에선 열을 바깥으로 내보내기 위해서 근육이 수축하고 경련이 일어나는데, 이때 통증이 생길 수 있거든. 감기에 걸려서 온몸이 쑤시고 아픈 증상, 그걸 '몸살'이라고 해. 이때 해열진통제를 복용하면 몸살 증상을 완화해준단다.

처방전 없이 약국에서 살 수 있는 일반의약품 감기약은 보통 여러 성분이 함께 들어 있는 '복합제'야. 여러 감기약을 합쳐서 복용하다 보면, 비슷한 효과를 내는 성분을 필요 이상으로 복용할 수도 있어. 게다가 정작 필요한 성분은 복용하지 못할 수도 있지. 그래서 약을 복용하기 전에 어떤 성분의 약을 복용할지를 포장에 적힌 성분명을 보고 구분할 수 있으면 좋아. 집에 다른 약이 있어서 추가로 약국에서 약을 사는 경우엔, 약사님에게 미리 증상과 약에 대해 물어보고 필요한 약을 골라달라고 해야 해.

이제는 익숙해진 마스크 챙기기

약을 잘 복용하는 것도 중요한데 그보다 더 중요한 건 처음부터 감기에 걸리지 않는 것이지. 감기를 예방하려면 어떻게 해야 할까? 앞서 말한 코로나 시기를 겪으며 우리 모두가 알게 된 사실이 하나 있지. 바로 전염성 질환을 예방하는 데 손 씻는 생활습관이 굉장히 중요하다는 거야.

실제로 코로나19 바이러스가 한창 유행하던 시기에 손 씻기와 손 소독을 자주 하다보니 감기 환자는 오히려 줄었다는 통계도 있었어. 그리고 콧물이나 침방울을 통한 '비말 감염'을 조심하게 됐지. 감기 증상이 있어 기침을 계속할 때는 마스크를 써서 바이러스 전파를 예방하는 게 상식이 됐어. 사람 많은 장소에 갈 때는 웬만하면 마스크를 챙겨 다니게 됐고 말이야. 이런 작은 생활습관 덕에 감기에 걸리지 않고 건강히 지낼 수 있으니, 꼭 지켜야 하지.

이렇게 어쩌다 찾아와서 우리를 불편하게 하는 감기지만, 우리는 증상에 맞는 감기약을 잘 찾아 쓰면서 그 기간을 잘 보내야 해. 그런데 그거 아니? 우리가 살면서도 비슷한 방법을 써야 할 때가 있단다. 그 방법을 이야기하기 전에, 엄마가 요즘 겪은 일을 먼저 이야기할까 해.

서윤이도 알다시피 엄마는 얼마 전 새 직장을 구해서, 전에 오랫동안 하던 일과는 다른 일을 하게 됐지. 엄마는 새로운 환경과 업무에 적응하기 위해 매일 노력하고 있어. 그런데 여전히 낯설고 가끔은 자신감이 떨어질 때도 있거든. 하지만 시간이 지나면 엄마도 곧 익숙해질 거라는 걸 알고 있지. 그때까지는 하루하루 지치지 않고 잘 보내는 게 무엇보다 중요하다고 생각해. 그러기 위해 기분을 조금 더 좋게 바꿔주고, 필요하면 좀 쉬었다가 다시 '영차' 하고 일어나야 하지. 어쩌다 찾아와서 우리를 불편하게 하는 감기 증상과도 같은 마음의 어려움을 넘기는 방법이지.

힘들 때마다 기분을 바꾸기 위한 엄마의 방법을 살짝 알려줄까 해. 엄마만의 방법은, '잠시 다른 세상에 다녀오기'야. 예를 들면 흥미진진한 넷플릭스 드라마에 빠져들거나, 숨이 턱까지 차도록 호수공원을 달리는 거야. 아, 그리고 서윤이랑 농담하고 낄낄대며 웃는 것도 엄청 큰 도움이 돼. 엄마가 해보니까, 이렇게 잠시 스위치를 끄고 기분 전환하는 것이 큰 도움이 되더라. 마치 감기에 걸렸을 때 감기 증상을 완화해줘서 일상을 좀 더 편안하게 해주는 감기약과도 같은 방법들이지.

시윤이도 이렇게 살면서 작은 어려움들을 마주쳤을 때는 잠시 쉬어가며 스스로를 돌보는 시간도 필요하다는 걸 기억해주었으면 좋겠어. 엄마처럼 서윤이만의 처방을 몇 가지 마련하는 걸 추천해. 마치 감기에 걸렸을 때 증상에 맞는 감기약을 찾아 복용하면서 면역력 회복을 기다리며 잠시 쉬어가듯이 말이야. 그렇게 잠시 어려운 시간을 잘 보내고 나면, 어느새 건강한 원래의 모습을 되찾을 수 있단다. 더 튼튼해진 마음의 면역력은 보너스로 얻고 말이지.

참고자료

1) 감염병포털, 코로나19
2) Wikipedia, Coronavirus
3) 서울대학교병원 의학정보, 감기
4) 약학정보원 약물백과, 감기약, 진해제, 거담제, 항히스타민제, 비충혈제거제
5) Antitussive and mucoactive drugs, J Korean Med Assoc 2013 November; 56(11): 1025-1030

4

배 아플 때, 정장제와 지사제

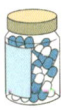

잘 헤어지는 일의 중요성

"아침마다 모여서 재미있게 지내던 사랑하는 어린이집 떠나가게 되었네. 우리 우리 선생님 안녕히 계세요. 어깨동무 내 동무 잘 있거라, 또 보자."

어린이집 졸업식 날. 졸업가운에 학사모까지 갖춰 쓰고 올망졸망 앉은 어린이집 친구들 모습이 다들 어찌나 의젓해 보이던지. 졸업장을 받고 졸업가를 부르던 너는 마지막에 눈물까지 보이더라. 엄마는 네가 어느새 헤어짐을 아쉬워할 줄도 아는 나이가 되었구나 싶어 대견했어. 그리고 엄마도 그 아쉬운 마음에 공감이 가서 손끝으로 살짝 눈물을 찍어냈지. 그렇게 너는 인생 첫 졸업식을 마쳤단다.

　4년을 다니며 정든 어린이집, 친구들, 그리고 선생님과 헤어지는 건 무척 아쉬운 일이지. 하지만 초등학생이 되려면 반드시 거쳐야만 해. 그리고 어떤 시절을 좋은 추억으로 간직하기 위해 헤어질 때 '좋은 모습으로 헤어지는 것'은 살면서 꼭 해야 하는 일이란다.

　우리가 건강하게 살기 위해서도 '잘 헤어지는 것'이 무척 중요해. 이게 무슨 말이냐고? 우리가 맛있게 먹은 음식에서 영양분을 다 얻고 나면 남은 찌꺼기를 몸 밖으로 내보내야 하잖아. 그런데 이 '내보내는 일'이 가끔 우리를 아프게 할 때가 있어. 어떤 음식은 세균이나 바이러스가 들어 있는 바람에 소화기관에 탈을 일으킬 수도 있고, 음식 중 소화시키기 어려운 성분이 위장에 부담을 줘서 배를 아프게 하기도 하지. 이렇게 정상적인 변을 보지 못하고 설사를 하게 되면, 음식과의 헤어짐이 무척 고통스러운 일이 되어 버리는 거야.

　　장 속에서 일어난 비상사태

　우리가 설사를 하는 이유는 대장에 문제가 생겼기 때문이란다. 대장은 소화과정 맨 마지막에서 수분, 전해질, 그리고 영양분 흡수를 조절해. 만약 나쁜 영향을 주는 세균이나 바이러스, 또는 독성물질이 들어오면, 대장은 이들을 몸 밖으로 빨리 내보내기 위해 '비상'을 선포하지. 그리고 평소보다 물을 더 많이 내보내거나 더 많이 움직인단다.

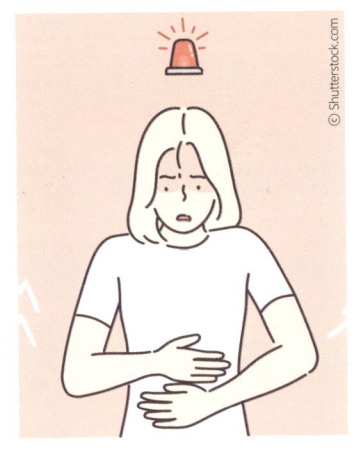

그러면 장에 있던 변이 원래 모양과 속도대로 나가지 못하고, 평소보다 물기가 많은 상태로 급하게 나가게 돼. 서윤이도 참지 못할 정도로 배가 아파 화장실로 뛰어간 경험이 있지? 이렇게 아랫배가 불편하고 설사를 계속하는 건 무척 고통스러운 일이지. 하지만 대장이 원래대로 깨끗해지기 위해 청소하는 절차란다.

앞서 말한 것처럼 균이나 음식물에서 비롯된 설사를 '급성 설사'라고 해. 급성 설사는 '감염성 설사'와 '비감염성 설사'로 나눌 수 있단다. 감염성 설사는 상하거나 비위생적인 물과 음식 때문에 세균이나 바이러스가 위장에 침입했을 때 생겨. 소화기관이 균에 감염되어 열이 나고 구토하는 증상이 함께 나타나지. 그에 비해 비감염성 설사는 맵거나 차가운 음식 때문에 소화기관이 자극을 받았거나, 항생제 복용으로 장 안의 미생물이 영향을 받았을 때 나타날 수 있어.

아이들이 설사하는 경우는 주로 급성 설사인 경우가 많아. 보통 바이러스나 세균에 감염되었거나 감기에 걸려 항생제를 복용

설사의 원인

한 경우, 또는 잘 맞지 않는 음식으로 인해 소화기관이 힘들어진 경우야. 설사를 하는 이유가 장을 보호하기 위해서라고 했지? 그래서 일단 아이들이 설사하는 경우에는 하루 이틀 정도 금식하고 수분과 전해질을 보충하면서 지켜봐야 하지.

그런데 어떤 경우는 4주 이상 오래 지속되는 설사도 있어. 이런 건 '만성 설사'라고 하지. 만성 설사는 급성 설사와는 다르게 몸에 있는 질병 때문에 설사를 하는 경우야. 예를 들면 과민성 대장 증후군, 염증성 장 질환 등이 있는 경우지. 이렇게 질병 때문에 오랫동안 설사를 한다면 반드시 병원에 가서 치료를 받아야 해.

설사를 멈추기 위한 약, 즉 '지사제'는 장에서 어떤 방식으로 일하느냐에 따라 장운동억제제, 흡착제, 그리고 살균제로 나눌 수 있어. 먼저 장운동억제제는 '로페라미드' 성분이 대표적이야. 장을 좀 덜 움직이게 하고 수분 흡수를 촉진해서 설사 증상을 완화시키지. 변에 수분이 많은 '물 설사'에 쓸 수 있어. 그런데 만약 설사의 원인이 세균이나 바이러스 때문이라면 장운동억제제를 사용하면 안 돼. 균 배출이 안 되어 감염이 더 악화될 수 있기 때문이야. 이런 감염성 설사가 아니라면 급성이나 만성 설사에 모두 장운동억제제를 쓸 수 있단다.

그리고 '흡착제' 성분의 지사제가 있어. 대표적인 성분은 '디옥타헤드랄스멕타이트'란다. 장내 세균과 바이러스, 독성물질, 수분 등을 빨아들여 몸 밖으로 배출하는 역할을 해. 원인을 알기 어렵지만 심하지 않은 감염성 설사, 비감염성 설사, 그리고 급성이나 만성 설사에 두루 쓸 수 있어. 24개월 이상 어린이도 쓸 수 있는 약이지. 다만 뭐든 흡착해서 내보내는 특성 때문에 다른 약의 약효를 떨어뜨릴 수가 있다는 특징이 있어. 그래서 되도록 빈 속에, 다른 약과 2시간 정도 간격을 두고 복용해야 하지.

또 '살균제'는 장내 유해균을 억제해서 설사를 멎게 한단다. '아크리놀', '베르베린', '구아야콜', 그리고 '니푸록사지드'가 항균 작용을 하는 대표적인 지사제 성분이야. 항균 역할을 하니 진흙 같은 설사를 하는 감염성 설사에도 사용할 수 있어. 설사 증상이 약한 경우에 사용하지. 아크리놀과 베르베린 두 성분이 같이 들어있는 캡슐제를 많이 쓴단다. 여행 가서 음식이나 물이 맞지 않아 설사를 할 때 쓸 수 있는 약이야.

구아야콜 성분도 장내 유해균을 억제하는 대표적인 성분이지.

구아야콜은 어르신들이 잘 아는 '정로환'의 대표 성분이기도 해. 정로환은 예전에는 냄새가 아주 강했던 '크레오소트' 성분을 함유했었지만, 지금은 구아야콜 성분으로 바꿔서 나오고 있어.

그리고 니푸록사지드는 몸속으로는 거의 흡수되지 않고 장 내에서만 항균 작용을 하는 약이야. 몸에 흡수되지 않으니 몸의 다른 곳에서 나타날 수 있는 부작용이 적지.

어떤 지사제를 복용하든 간에 주의해야 할 것이 있는데, 바로 증상이 개선되면 복용을 멈춰야 한다는 거야. 설사가 멈추었는데도 지사제를 계속 복용하면 오히려 변비 증상이 생길 수 있거든.

모든 만남에서 '유종의 미'를 거두자

지사제는 아니지만 설사를 낫게 하려고 '정장제'를 쓸 때도 있단다. 정장제는 장을 돕는 균을 가지고 만든 약이야. 균이 약이 될 수도 있다니, 이게 무슨 말일까? 대장에는 우리를 돕는 '좋은 균'이 살고 있거든. 이 좋은 균들은 장 안에서 소화를 돕거나 면역력을 높이고 비타민 K를 만들거나 철분을 흡수하는 것 같은, 인체에 꼭 필요한 역할을 하고 있지.

이 균들의 가장 중요한 역할은 변이 잘 만들어져 원활하게 배출될 수 있도록 하는 거야. 그런데 좋지 않은 음식이나 물, 또는 항생제 때문에 이 균들이 사는 마을이 망가지면 배가 아프고 설사를 하게 돼. 정장제는 이렇게 망가진 대장 안의 균 마을을 복구하는 데 큰 도움을 준단다. 정장제는 장의 전반적인 기능을 좋게 해주는 약이기 때문에 설사와 변비에 모두 쓸 수 있어. 주로 캡슐이나 가루 형태로 사용되지. 많이 쓰이는 정장제로는 엔터로콕커스 피칼리스(*Enterococcus faecalis*), 락토바실러스 람노서스(*Lactobacillus rhamnosus*)를 함유한 약들이 있단다.

음식과의 헤어짐을 담당하는 대장의 역할이 참 중요하지? 어떤 일을 잘 마무리하는 걸 '유종의 미를 거둔다'고 하지. 우리가 음식을 맛있게 먹고 소화시킨 후에도 이 유종의 미를 잘 거둘 수 있어야 해. 소화를 마친 찌꺼기를 별 탈 없이 잘 내보내는 게 중요하지. 그런데 만약 어떤 이유로 마지막 소화 경로를 책임지는 대장에 문제가 생겨 설사를 하게 되면 좋은 마무리를 할 수 없게 되잖아. 그럴 때 우리는 지사제와 정장제를 잘 써서 음식과 잘 헤어질 수 있게 해야 한단다.

이렇게 음식과의 인연도 마무리가 중요하지만, 마무리가 중요한 곳이 또 있단다. 바로 다른 사람과 맺은 인연을 잘 마무리하는 거야. 서윤이가 어린이집을 잘 다니다가 때가 되어 졸업한 것처럼, 모든 만남에는 언젠가 헤어짐이 예정되어 있거든. 어떤 헤어짐이든 마지막은 나쁘지 않게 끝내야 하지. 그래서 어떤 사람이 밉다고 해서 '저 사람과 이제 다시는 안 볼 거야'라는 생각으로 험한 말을 폭탄처럼 던지거나 함부로 행동하면 안 된단다. 상대방과 언제 어떤 인연으로 다시 만날지 모르고, 또 함께 보낸 시간을 굳이 나쁜 기억으로 만들지 않게 하기 위해서야.

그래서 엄마는 사람들과 인연을 맺으면서 마지막이 나쁘지 않도록 노력하는 편이야. 특별히 좋은 기억을 심어주기 위해 노력하는 것보다 나쁜 기억을 만들지 않는 것이 훨씬 중요하더라고. 특히 학교와 직장에서 만나는 사람들은 모두 나와 생각과 배경이 다른 사람들이 모여 많은 시간을 함께 보내는 곳이잖아. 그렇게 나와 다른 사람들과 함께 어울려 매일 많은 시간을 보내야 하지. 서윤이도 많은 친구들과 지내봐서 알겠지만 인간관계란 참 미묘하고도 쉽지 않은 일이야. 게다가 때가 되면 우리는 다시 새로운 만남과 헤어짐을 반복하게 되지.

어린이집 졸업식에서 서윤이가 아쉬움을 담아 졸업가를 불렀던 것처럼, 서윤이가 앞으로 어떤 헤어짐에서든 좋은 기억을 잘 간직하면서 마무리를 잘 했으면 좋겠어. 음식이 우리에게 영양분을 주어 건강한 몸을 갖게 하는 것처럼, 사람들과의 좋은 관계는 서윤이의 마음을 키워주는 꼭 필요한 영양분이니까 말이야.

참고자료

1) 약학정보원, 지사제
2) 식품의약품안전처 의약품안전나라 의약품안전사용매뉴얼, 설사 어떻게 해결할까요?
3) 질병관리청 국가건강정보포털, 설사

5

가렵거나 피날 때, 연고

잘 보이는 만큼 잘 알 수 있지

엄마가 중학생 때부터 좋아하던 프랑스 작가 베르나르 베르베르의 『상대적이며 절대적인 지식의 백과사전』이라는 책에 〈뼈대〉라는 제목의 글이 있어. 그 글은 '뼈대가 몸 안에 있는 것이 나을까, 아니면 바깥에 있는 것이 나을까?'라는 질문으로 시작해. 뼈가 몸 밖에 있으면 딱딱한 껍데기처럼 우리를 보호해주지만, 그 안의 살은 껍데기의 보호를 받으며 점점 더 연해지는 방향으로 진화했다는 거야. 반면 뼈대가 몸 안에 있으면, 살은 바깥에 놓여 모든 위험에 노출되고, 많은 상처와 자극을 견뎌내면서 더 강하게 진화했지.

흥미롭지 않니? 정말로 동물들 중에 게나 곤충처럼 겉껍질이

단단한 동물이 있는가 하면, 우리 인간처럼 피부로 몸 안쪽을 보호하는 동물도 있지. 베르베르 작가의 글에서처럼, 우리 몸의 가장 바깥에서 우리를 보호해주는 피부는 많은 자극과 싸우며 우리를 지켜주고 있단다.

이렇게 피부는 우리 몸의 가장 바깥에서 외부로부터 중요한 장기와 뼈, 근육을 보호하는 '성벽' 같은 역할을 해. 그만큼 자극도 많이 받지. 넘어져서 생긴 상처에 딱지가 생기고, 벌레에 물려 가렵기도 하고, 세균이나 바이러스가 번식하기도 해. 그래서 상처나 가려움증이 생기면 우리는 피부에 직접 연고를 바르지.

'연고'는 짜서 바를 수 있도록 약이 튜브에 담겨 있는 제품을 말해. 연고 말고도 로션, 크림, 겔처럼 피부에 바르도록 만든 제품이 있는데, 그중에서도 연고는 물보다 기름 성분을 더 많이 함유하도록 만든 것이지. 기름 성분이 피부에 막을 형성해서, 약 성분이 좀 더 피부에 오래 머무르면서 상처나 염증을 치료해줄 수 있어.

증상에 맞는 연고를 선택해야 하는 이유

피부에 바르는 연고는 크게 두 가지로 나눌 수 있어. 염증에 쓰는 것과 감염에 쓰는 것이지. 염증에 쓰는 가장 대표적인 연고가 '스테로이드 연고'야. 스테로이드는 우리 몸의 부신피질에서 분비되는 호르몬(코르티솔)과 비슷한 역할을 하는 성분이야. 우리 몸의 면역반응을 억제해서 가려움증이나 염증을 줄여주는데, 아토피성 피부염, 접촉성 피부염, 그리고 습진 같은 피부질환에 많이 쓰인단다.

스테로이드 연고는 약효의 강도에 따라 강한 것부터 약한 것까지 7단계로 나눌 수 있단다. 1단계가 가장 강하고, 숫자가 커질수록 점점 약해져서 7단계가 가장 약하지. 증상이 어떤지, 어느 부위에 증상이 있는지에 따라 자신에게 맞는 등급의 스테로이드 연고를 써야 해. 또 바르는 부위마다 피부 두께가 다르니 사용하는 양도 다르단다. 정해진 양보다 너무 적거나 많이 바르면 약효를 제대로 볼 수 없거나 부작용이 나타날 수 있으니 주의해야 해. 그리고 한 가지 더 주의할 게 있는데, 감염된 피부에는 스테로이드 연고를 사용해서는 안 된단다. 피부가 세균에 감염되면 빨개지고 붓고 뜨거워지는데, 이건 우리 몸의 면역세포가 감염에 맞서 싸우고 있다는 걸 의미하지. 그런데 여기에 스테로이드 연고를 쓰면 면역을 억제하는 효과 때문에 감염에 더 취약해질 수 있기 때문이야.

이렇게 스테로이드 연고는 감염을 악화시키는 것 말고도 피부가 얇아지고 위축되는 부작용을 가져올 수 있단다. 이런 부작용이 널리 알려진 탓에, 오히려 스테로이드는 무조건 쓰면 안 되는 약이라는 인식이 있기도 하지. 부작용 때문에 스테로이드 연고를 무조건 쓰지 않거나 순한 것만을 써야 한다고 생각할 수 있지만 사실은 그렇지 않아. 오히려 증상에 맞지 않는 너무 약한 것을 쓰거나 필요한 양보다 적게 쓰는 바람에 증상이 개선되지 않아 너무 오랫동안 쓰면 원하는 효과 대신 부작용만 더 키울 수 있지. 스테로이드 연고도 적정한 강도와 필요한 양을 정해진 기간만큼 사용하면 효과적이고 안전하게 사용할 수 있단다.

그리고 각종 감염에 쓰이는 연고에 대해서도 설명해볼게. 세균, 진균, 그리고 바이러스 감염에 쓰는 연고지. 세균 감염에 사용되는 항생제 연고로는 '퓨시드산', '무피로신', '겐타마이신', '바시트라신', '네오마이신' 성분의 연고가 대표적이야. 상처가 생겨서 세균이 우리 몸에 침투했을 때 균 증식을 억제하는 역할을 한단다. 다들 집에 하나씩 가지고 있는 '후시딘 연고'가 대표적인 항생제 연고야. 후시딘 연고는 '퓨시드산'을 함유하고 있거든. 항생제 연고는 한 가지만 너무 오래 사용하면 약이 잘 듣지 않는 내성이 생길 수 있어서, 5일 이내의 짧은 기간만 써야 한단다.

항진균제 연고는 곰팡이, 즉 진균에 감염됐을 때 사용해. 습하고 통풍이 잘 안 되는 발에 생기는 무좀이 대표적인 진균 감염이지. 항진균제 성분 연고는 '테르비나핀', '시클로피록스', '케토코나

졸', '클로트리마졸'을 함유한 연고들이 있어. 진균 감염은 빠르게 치료되지 않기 때문에 인내심을 갖고 치료해야 하지. 항진균제 연고를 쓰면서 증상이 개선되는 것 같아 보여도 완전히 치료되지는 않은 경우가 많아. 그래서 정해진 치료기간 동안 계속 꾸준히 써야만 효과를 볼 수 있단다.

마지막으로 항바이러스제 연고가 있어. 항바이러스제 연고는 입 안이나 입술 주변에 나타나는 단순 포진이나 대상 포진에 사용하는 연고야. 대표적인 항바이러스제 성분으로는 '아시클로버'와 '리바비린'이 있지. 바이러스 감염 치료를 위해 한 가지 약을 일주일 동안 사용해도 효과가 없거나 증상이 더 나빠지면 치료법을 바꿔야 해. 혹시 연고를 바르다가 자칫해서 다른 부위로 바이러스가 퍼질 수도 있으니 면봉이나 일회용 장갑을 이용해 그 부분에만 바르도록 주의해야 한단다.

피부에 연고를 바르기 전에는 손과 상처 부위를 깨끗이 하고, 면봉으로 덜어 사용하는 게 좋아. 손에 있는 균이 연고를 오염시키지 않게 하기 위해서지. 그리고 연고 뚜껑을 열기 전까지는 용기에 표시된 기한까지 사용할 수 있지만, 개봉 후에는 6개월 안에 쓰는 게 좋아. 그래서 연고 튜브 위에 뚜껑을 개봉한 날짜를 따로 적어두는 게 도움이 된단다.

사실 피부 연고를 한 번에 끝까지 다 쓰는 경우는 잘 없고, 필요할 때 약상자를 뒤져 예전에 쓰던 이리저리 비틀어진 걸 찾아내서 쓰곤 하잖아. 그렇게 하면 오염된 연고를 쓰거나 효과가 떨어질 수 있으니 사용기한이 지난 건 과감히 버리고 새 연고를 사서 쓰는 게 좋아.

마음에 생긴 상처는 어떻게 대처해야 할까

이렇게 피부에 생긴 상처는 눈으로 바로 확인할 수 있기 때문에 문제를 쉽게 보고 대처할 수 있지. 하지만 눈에 보이지 않는 마음 속 상처는 어떻게 해야 할까? 살다 보면 몸에 생기는 상처보다 마음에 생기는 상처가 더 아플 때가 있단다. 내 마음대로 되지 않는 사람들과의 관계나, 내가 어찌지 못하는 상황 때문에 마음에 상처를 받는 때가 있어. 눈에 보이지 않아 크기를 가늠하기 어렵다고 해서 그 상처가 작은 것은 아니지. 몸을 병들게 할 수 있을 만큼 깊은 마음의 상처일수록 바깥으로 드러내 보이고 치료를 해야 해. 그래야만 잘 맞는 치료법을 찾을 수가 있거든. 마치 상처가 생겨 세균에 감염된 피부에는 항생제 연고를 발라주고, 염증이 생겨 가려운 피부에는 스테로이드 연고를 발라주는 것처럼 말이야.

서윤이를 아프게 하는 마음의 상처는 엄마를 비롯한 주변 사람들에게 꺼내 보이고 도움을 받을수록 더 잘 치료할 수 있다는 걸 알았으면 해. 때론 상처를 보이는 일이 더 겁나고 아픈 일이 될 수도 있지. 하지만 피부에 생긴 문제를 잘 관찰해서 딱 맞는 연고를 찾아 바르는 것처럼, 마음의 상처도 잘 보여주고 치료법을 찾는 것이 더 깨끗하고 빠르게 나을 수 있는 방법이라는 걸 기억해주렴.

참고자료

1) 대한피부과학회, 국소스테로이드 연고
2) 데일리팜, 2017.5.4.,피부연고제, 성분따라 약국 복약지도도 다르게
3) 약업신문, 2016.6.9., 피부연고제 알고 쓰면 더 좋은 연고

2

성장의 바다에서
헤엄치는 너에게

6

키 크는 걸 조절할 때, 성장호르몬 주사

누구에게나 각자의 때가 있다

　서윤아, 몇 년 전 여름에 있었던 엄마 졸업식 기억나? 8월 말, 무덥던 늦여름이었지. 엄마는 서른 살 봄에 박사 과정에 입학했는데, 졸업해서 박사가 된 건 서른아홉 살 여름이었어. 대학원에 다시 입학해 박사가 되기까지 무려 9년 반이나 걸렸지. 워킹맘인 엄마가 시간과 에너지를 쪼개 쓰면서 노력했고, 또 많은 분들이 도와주신 덕에 무사히 졸업할 수 있었어.
　엄마는 직장인이라서 대부분의 시간과 에너지를 일하는 데 쓰잖아. 그러면서 틈틈이 학교에 나가 실험하고 논문을 썼으니 시간이 그렇게 오래 걸릴 수밖에 없었지. 원래 박사가 되려면 수년간 매일 연구실에 나가 하루종일 실험하고 논문 쓰는 데 집중해야 하거든. 엄마는 직장과 학교에 시간과 에너지를 나눠 써야 했기 때문에, 다른 사람들보다 두 배 정도 시간이 걸린 후에야 졸업할 수 있었지.

　졸업을 위한 논문 심사에 통과하고 나면, 그 학기에 졸업할 학생들이 연구 주제를 발표하는 시간이 있단다. 엄마도 발표를 위해 하루 휴가를 내고 학교에 갔지. 발표장에 모인 학생들 중에 엄마가 가장 학번이 높고 나이가 많더라. 엄마는 직장을 갖고 나서 4년이 지나 박사 과정에 입학했고, 직장과 대학원 생활을 병행하다 보니 어쩔 수 없이 가장 오래된 학생이 되었지. 함께 발표한 다른 학생들은 모두 엄마보다 적어도 열 살은 어린 것 같았어. 그 학생들은 석사 졸업 후 바로 박사 과정을 시작했거나 석사와 박사 과정을 한 번에 끝내고 졸업하는 학생들이었지.

　엄마가 다른 학생들보다 훨씬 늦게, 서른아홉 살에 학위를 받았다고 해서 뭔가 뒤처진 학생일까? 그렇지는 않지. 엄마는 직장에서 업무를 하다가 학위를 더 가져야 할 필요를 느껴서 박사 과정을 시작한 거였으니까. 반면 함께 졸업하는 다른 학생들은 먼저 학위를 취득하고 나서 진로를 결정하기로 한 거지. 다들 각자의 계획에 맞게 학위 받는 시기를 선택했고 그에 따라 노력을 했던 거야. 엄마 역시 공부를 더 해야 할 때를 엄마 스스로 결정했던 것이었지.

성장하는 시기에 꼭 필요한 성장호르몬

약 중에서도 이렇게 '때'와 관련된 약이 있어. 바로 키 크는 걸 조절하는 성장호르몬 주사야. 주사를 맞는 것으로 키가 더 클 수 있다니, 거참 솔깃하지 않니? 요즘 아이 키우는 엄마, 아빠 사이에서 아주 핫한 이슈이기도 해. 성장호르몬 주사가 대체 뭐길래 그럴까?

성장호르몬은 우리 몸의 뇌하수체 전엽에 있는 '성장호르몬 분비세포'에서 만들어지고 분비되는 호르몬이야. '소마토트로핀(somatotropin)' 또는 '사람 성장호르몬(human growth hormone,

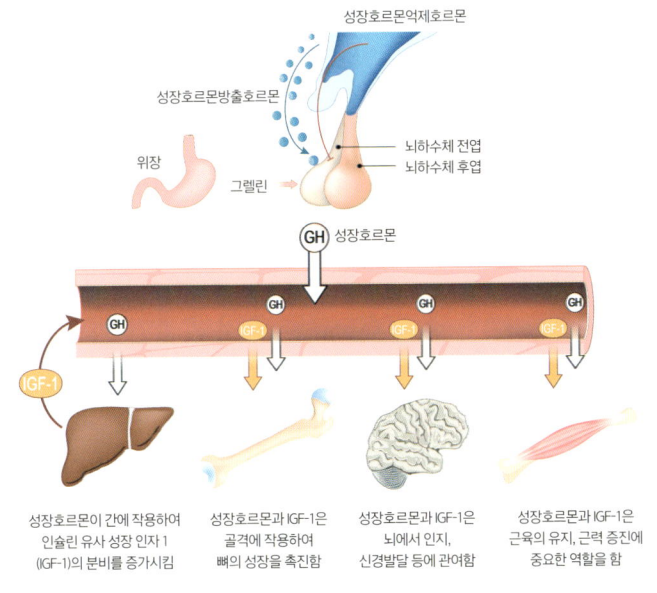

성장호르몬이 하는 일

HGH)'이라고 부르지. 성장호르몬은 191개 아미노산으로 구성된 펩타이드 구조를 가졌어. '펩타이드'는 적은 수의 아미노산이 연결된 '단백질 조각'이라고 이해하면 돼. 성장호르몬이 하는 일은 다양해. 뼈를 성장시켜 키가 얼마만큼 클 것인가를 결정할 뿐 아니라, 간에서 지방을 분해하게 하고 지방을 에너지로 활용하게 해서 몸의 에너지 사용량을 늘리지. 또 몸속의 물과 무기질이 균형을 이루도록 조절하기도 한단다.

어떤 이유로 인해 몸에 성장호르몬이 부족할 때 성장호르몬 주사를 쓸 수 있단다. 성장호르몬 주사는 '소마트로핀(somatropin)'으로 만든 주사야. 이 소마트로핀은 우리 몸에서 분비되는 성장호르몬과 비슷하게 '유전자재조합 기술'을 이용해 만든 성분이야. 참고로 유전자재조합 기술을 이용해 만든 약을 '유전자재조합의약품'이라고 해. 유전자재조합의약품은 유전자조작 기술을 이용해서, 원하는 단백질이나 펩타이드를 만드는 유전자를 대장균, 효모, 또는 동물세포에 넣고 배양해 만든 약이야. 우리 몸에 아주 적게 존재하는 단백질을 아주 많이 만들어내서 약으로 만들 수 있고, 또 원하는 형태로 변형시켜 만들 수도 있다는 장점이 있지.

의학적으로 '키가 작다'는 건 같은 성별의 또래 100명 중 키가 작은 2명에 해당하는 경우를 말해. 사실 키가 작은 어린이에게 모두 성장호르몬 치료가 필요하지는 않아. 사춘기가 늦게 올 수도 있고 유전적인 요인이 있을 수도 있기 때문이야. 하지만 1년에 키가 4cm 이상 크지 않았거나, 같은 성별 친구들의 평균 키보다

10cm 이상 작다거나, 같은 치수의 옷을 2년 이상 입고 있다면 성장호르몬 치료를 고려할 수 있어.

성장호르몬 치료 결정을 하기 전에는 반드시 병원에서 진단을 받아봐야 해. 몸에서 성장호르몬 분비가 부족하거나 유전 질환이 있는 경우, 만성신부전증이 있는 경우, 또는 임신 주수에 비해 작게 태어나서 성장이 느린 경우에 성장호르몬 치료가 필요할 수 있단다. 또 특별한 원인이 없고 성장호르몬도 정상인데 키가 작은 경우는 '특발성 저신장증'이라고 하는데, 그때도 치료 대상이 될 수 있지.

만약 병원에서 성장호르몬 치료가 필요한 것으로 진단을 받으면 성장호르몬 주사를 꾸준히, 주기적으로 투여해야 해. 치료는 성장판이 닫히기 전에 시작해서 성장이 끝날 때까지 지속해야 하지. 성장호르몬 주사는 보호자나 본인이 직접 몸에 주사하는 '자가투약' 주사야. 매일 허벅지 또는 엉덩이 부위의 피하조직에 돌아가며 주사하는데, 전날 주사한 부위에서 2~3cm 떨어진 곳에 주사한단다. 주사를 놓기 전에는 꼭 먼저 손을 씻고 알코올 솜으로 주사 부위를 소독해야 하지.

하루 중 성장호르몬이 가장 활발하게 나오는 시간이 밤이니까, 자기 전 일정한 시간에 투여하는 게 좋아. 그리고 성장호르몬 치료를 하면 급격히 몸이 커지면서 부작용이 올 수 있다는 것도 알아둬야 해. 대표적으로 두통, 성장통, 손발부종, 그리고 척추측만증이 나타날 수 있어.

간혹 어떤 사람들은 성장호르몬에 대해 오해하고 있기도 해. 예를 들어 근육을 크게 키우거나 에너지를 더 얻기 위해, 또는 노화를 방지하거나 체중을 줄이기 위해 성장호르몬 주사를 맞고 싶어하는 경우지. 하지만 건강한 성인이 성장호르몬 수치가 정상인데도 성장호르몬 주사를 맞으면 두통, 부종, 관절통 등 부작용이 나타날 수 있어. 호르몬은 우리 몸에서 아주 적은 양만으로 작용하기 때문에, 잘못 투여하면 몸에 큰 이상을 불러올 수 있어. 호르몬 투여를 마치 영양제 맞는 것처럼 쉽게 생각하면 안 되는 이유지.

성장호르몬 주사는 반드시 성장하는 시기에 맞춰 투약해야 효과를 볼 수 있어. 키는 평생에 걸쳐 크는 게 아니고, 어린 시절 성장기에 대부분의 성장이 이루어지니까. 이 성장기가 지나면 성장호르몬을 투여해도 키 크는 효과는 볼 수 없어. 그렇기 때문에, 성장하는 '때'를 알고 그에 맞춰 약을 써야 하는 거지.

자신만의 성장 속도를 잘 찾아내려면

엄마가 생각하기에 몸의 성장뿐 아니라 지적인 성장, 그러니까 공부에도 그런 '때'가 있어. 지금은 서윤이가 몸의 성장뿐 아니라 머리와 마음도 함께 성장해야 하는 시기지. 그래서 매일 아침 학교에 가서 국어와 수학 같은 지식을 배우고, 친구들과 함께하며 사회생활 하는 방법을 배우는 거란다. 초등학교를 졸업하고도 중학교, 고등학교에서 학교생활을 계속하며 배움을 이어가게 될 거야.

그리고 스무 살이 되면 대학교에 입학해서 한 가지 주제로 좀 더 깊은 공부를 하게 되겠지. 그게 서윤이가 어른이 되기 전까지 가져야 할 '공부와 성장의 때'야. 때로는 마치 어른들이 다 정해놓은 걸 따르라는 것 같아 답답하게 느껴질 수도 있겠지만, 이 배움의 때는 서윤이가 좋은 어른이 되는 과정에 무척 중요하고, 다른 어느 때보다도 기회가 많은 시기라는 걸 꼭 기억해주렴.

그리고 서윤이가 커서 어른이 되면, 그땐 너의 때를 직접 결정해야 하는 날도 올 거야. 엄마처럼 다시 학교로 돌아가 공부를 새로 시작할 수도 있고, 어쩌면 결혼이나 아이를 키우는 것처럼 인생에 큰 영향을 미치는 일을 결정할 수도 있겠지. 여기서 중요한 건, 내게 맞는 때를 내가 정할 수 있어야 한다는 거야. 내게 맞는 때를 잘 알려면, 스스로가 내리는 판단에 대해 확신을 가질 수 있어야 해. 그러려면 평소에 너 자신에 대해 많이 고민해야 하지. 네가 뭘 좋아하고 어떤 사람으로 살고 싶은지를 말이야.

성장호르몬 주사가 때에 맞춰 키 크는 것을 도와줄 수 있는 것처럼, 서윤이 너의 때를 잘 알면 그걸 더 잘 활용할 수 있단다. 그리고 그건 스스로에 대해 충분히 이해하고 있을 때 가능하지. 지금의 서윤이는, 인생에 필요한 경험을 많이 하고 스스로에 대해 잘 알아 나가야 하는 시기야. 그렇게 서윤이가 스스로를 잘 알아 나갈 수 있게 돕는 건 지금 엄마가 서윤이를 위해 꼭 해야 할 일이기도 하단다. 엄마도 엄마가 처음이라 간혹 서툴기도 하지만, 서윤이가 때를 놓치지 않고 잘 클 수 있도록 힘껏 도울게. 우리 같이 잘 크기 위해 노력해보자.

참고자료

1) Wikipedia, Growth hormone
2) 중앙일보 브랜드뉴스, 2007.3.2., 성장에도 시기가 있다
3) 서울아산병원 인체정보, 성장호르몬
4) 약학정보원 약물백과, 성장호르몬 주사
5) 헬스조선, 2022.7.18., 키 크는 성장호르몬 주사, '제대로' 놓아야 효과

7

생리통 때문에 불편할 때, 생리통 약

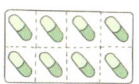

불편함은 덜고 생각은 다르게 해보기

서윤아, 아홉 번째 생일을 맞은 걸 축하해. 벌써 아홉 살이라니, 우리 서윤이 많이 컸네. 이제 3~4년만 더 지나면 서윤이도 곧 사춘기가 시작되겠지. 사춘기에 접어들면 몸과 마음이 많이 변한단다. 큰 변화 중 하나는 '생리'를 시작한다는 거야. 엄마의 경우는 5학년 무렵부터 몸이 조금씩 변하기 시작하다가 6학년 때 첫 생리를 시작했어. 엄마는 아직도 첫 생리를 목격했던 그 상황이 생생히 기억나. 놀라서 엄마에게 달려가 말했던 것, 입었던 옷의 색깔, 그 순간 집안의 공기 냄새까지 말이야. 역시 첫 생리는 인생의 강렬한 기억 중 하나인 것 같아.

생리가 대체 무엇이고, 우리는 왜 생리를 할까? 우리 몸은 한

달에 한 번씩 임신을 준비하기 위해 난자를 하나씩 내보낸단다. 그때 자궁은 정자와 난자가 만나 수정란을 만들 것에 대비해 안쪽에 부드럽고 푹신하게 수정란 맞을 준비를 해놓지. 그러다 임신이 되지 않으면 이렇게 준비해둔 자궁 안쪽의 것들이 떨어져 몸 밖으로 나오게 되는데, 이게 바로 생리야. 그러니 생리를 한다는 건 일정 기간 생식기에서 피와 점막이 흘러나온다는 걸 의미하지.

생리주기는 사람마다 조금씩 다르지만 보통 28일 정도야. 난소와 뇌하수체가 힘을 합쳐 생리가 나오는 주기를 조절하지. 생리 기간은 보통 2~5일 정도 지속된단다.

자궁과 난소를 가진 여성들은 평생에 걸쳐 평균 40년 동안 약 500회 정도 생리를 한다고 해. 사람마다 차이는 있지만 생리기간 중엔 조금 다른 일상을 살게 된단다. 무엇보다 그 시기엔 몸 밖으로 흘러나오는 생리혈을 처리할 생리용품을 사용해야 하지. 그리고 기분이 좀 우울해지고, 몸이 붓고, 배와 허리가 당기고 아픈 생리통이 오기도 한단다. 거의 모든 여성이 생리통을 겪는다고 해. 어떤 사람들은 생리통이 너무 심해서 일상생활이 불가능할 정도로 고통스럽다고 하지. 생리통이 없는 사람은 엄마는 아직껏 한 번도 본 적 없지만, 만약 그런 사람이 있다면 정말 행운을 타고난 사람일 거야.

생리통은 왜 생길까

생리통은 원인에 따라 크게 두 가지로 나눌 수 있어. 원발성 생리통과 속발성 생리통이지. 먼저 원발성 생리통은 다른 질환이 없는 상태에서, 생리 시작 전 또는 직후에 2~3일간 나타나는 보통의 생리통이야. 그리고 속발성 생리통은 다른 질환이 있어서 생리통이 있는 경우인데, 자궁내막증, 자궁근종, 염증 등 질환이 있어서 겪는 생리통이지. 속발성 생리통이 있는 경우에는 원인이 되는 질환을 먼저 치료해야만 생리통을 없앨 수 있어.

속발성 생리통처럼 특정 질환 때문에 생리통이 심한 경우가 아니라면, 대부분의 사람들이 겪는 생리통은 원발성 생리통이란다. 사람마다 증상이 조금씩 다르지만, 많이들 경험하는 건 아랫배가 당기고 조이는 것처럼 아프거나 생식기 쪽 근육이 당기고 아

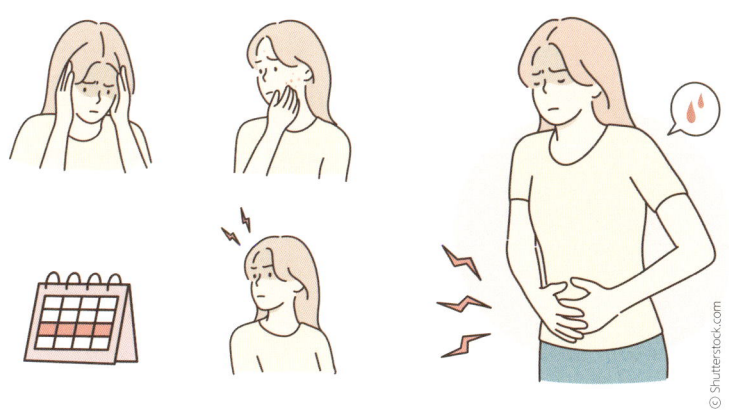

픈 고통이지. 생리통은 보통 생리를 시작한 지 둘째 날에 가장 심하고 2~3일간 지속된단다.

생리통은 대체 왜 생기는 걸까? 생리통이 생기는 이유는 '프로스타글란딘'이라는 물질이 몸에서 분비되기 때문이야. 어디서 들어봤지? 맞아. 해열제 설명하면서 얘기한 적이 있어. 우리 몸에 세균이나 바이러스 같은 침입자들과 전투가 일어났을 때, 몸에 염증 반응을 일으키고 열도 나게 하는 바로 그 녀석이야. 생리기간에 프로스타글란딘이 나오는 건 몸 밖에서 들어온 침입자 때문이 아니라 호르몬의 변화 때문이야. 몸에 프로스타글란딘 농도가 높아지면 염증 반응이 나타나고 근육이 수축해서 통증이 느껴지지. 자궁 근육이 수축해서 아랫배에 통증이 생길 뿐만 아니라, 근육통, 허리통, 두통이 함께 올 수 있단다.

생리통이 생기는 이유가 프로스타글란딘 때문이라면 이번에도 이 녀석이 생기는 걸 막으면 되겠지? 맞아. 그런데 사실 생리통만을 위한 약이 따로 있는 건 아니야. 생리통 역시 '통증'이기 때문에 프로스타글란딘이 나오는 걸 막도록 진통제를 복용해서 통증을 멎게 할 수 있어. 진통제 성분은 크게 두 종류로 나눌 수 있어. '엔세이드'(NSAIDs, Non-Steroidal Anti-Inflammatory Drug, 비스테로이드성 소염진통제) 계열의 성분과 '아세트아미노펜' 성분이지.

'엔세이드'는 한 가지 성분을 얘기하는 게 아니라 이 계통에 속한 여러 성분을 통틀어서 말하는 이름이야. 대표적인 엔세이드 성분은 이부프로펜, 덱시부프로펜, 나프록센이 있단다. 해열제 설명할 때 등장했던 성분도 있지? 맞아. 그 해열제 성분이 진통제 역할도 하는 거란다. 엔세이드 계열의 성분들과 아세트아미노펜 성분은 모두 프로스타글란딘을 억제하지만 어디에서 일하는지가 조금 다르단다.

먼저 엔세이드 성분은 '말초조직', 그러니까 몸의 각 부분에서 프로스타글란딘 생성을 차단하는 효과가 있어. 그래서 염증을 없애는 효과가 좋단다. 생리통은 자궁에서 일어나는 염증 반응 때문에 일어나는 통증이라서, 생리통으로 아플 때는 엔세이드 성분을 많이 써. 생리가 시작되기 하루 이틀 전에 미리 복용하면 프로스타글란딘이 만들어지는 걸 미리 억제하기 때문에 생리통에 효과적이야. 다만 엔세이드 성분은 복용하면 속쓰림이 있을 수 있어. 그래서 속쓰림을 예방하려면 식사하고 난 후에 복용해야 하지.

아세트아미노펜 성분도 프로스타글란딘 생성을 억제하는 효과가 있어. 하지만 일하는 장소가 엔세이드와 조금 다른데, 주로 중추신경계, 그러니까 뇌와 척수에서 주로 일해. 그러니 염증이 일어나는 몸의 각 부분에서 일하는 엔세이드보다 염증 억제 효과가 좀 약하지. 하지만 엔세이드 성분 때문에 속쓰림이 있는 경우에는 아세트아미노펜을 복용하는 게 더 낫겠지? 엔세이드 성분은 위장 장애 때문에 식후에 복용해야 하지만 아세트아미노펜은 식사와 관계없이 복용할 수 있다는 것이 장점이야.

이렇게 진통제 성분이 들어 있는 약을 복용하는 것으로 생리통을 다스릴 수 있는데, 증상에 따라 다른 성분이 추가된 약을 쓰

기도 해. 생리통은 배 아픈 것 말고도 다른 증상을 동반하는 경우가 많기 때문이야. 예를 들면 생리 중에 몸이 부을 수 있는데, 특히 아랫배가 많이 부어서 불편하다면 이뇨작용으로 부기를 없애주는 '파마브롬' 성분이 추가된 약을 쓸 수 있어. 그리고 아랫배가 쥐어짜듯이 아픈 경련성 통증이 심하면 진경제 성분인 '부틸스코폴라민' 성분이 추가된 약을 쓸 수 있지.

또 '카페인무수물'을 함유한 진통제도 있단다. 카페인은 혈관을 수축시켜서 약의 흡수를 돕고 이뇨효과가 있어 붓는 증상에도 도움이 되거든. 하지만 카페인에 예민해서 커피조차 못 마신다면, 카페인 성분이 들어 있는 진통제는 피해야겠지? 그래서 약국에 가서 생리통 약을 살 때 내 증상과 신체적 특징을 이야기하면, 그에 맞는 생리통 약을 추천받을 수 있어.

그리고 어떤 경우에는 생리통으로 인해 피임약을 복용하기도 한단다. 피임약을 복용하면 배란이 억제되고 프로스타글란딘 수치가 낮아지기 때문에 생리통을 완화하는 데 효과가 있지. 그래서 임신을 원하지 않으면서 생리통이 심한 경우라면 피임약을 복용하는 게 도움이 될 수 있어. 다만 피임약은 몸 안에서 혈전을 만들

수 있고 간 기능에 영향을 줄 수 있기 때문에, 생리통을 없애기 위해 피임약을 복용하려고 한다면 병원에 가서 의사와 상담한 후 복용해야 한단다.

이렇게 생리통으로 아플 땐, 잘 맞는 생리통 약을 찾아 복용하면서 생리기간을 잘 보내야 하지. 간혹 어떤 사람들은 생리통에 진통제를 쓰다 보면 내성이 생겨 약이 듣지 않을까봐 고통을 참는 경우도 봤어. 하지만 약국에서 구할 수 있는 생리통 약으로는 내성이 생기지 않아. 그러니 생리통으로 아플 땐 참지 말고, 적절한 진통제를 용법과 용량을 잘 지켜 복용해서 불편함은 최대한 없애는 게 좋아.

우리는 늘 편한 모습으로만 살 수는 없나봐

엄마가 학생이었을 때 생리로 인해 불편함을 겪을 때마다 '왜 나는 여자로 태어나서 이런 고통을 겪는 걸까'라는 생각을 한 적이 있었어. 생리통 말고도 생리가 샐까봐, 누군가 내 생리대를 볼까봐, 생리대가 부족할까봐 생리기간 내내 불편함과 불안함이 계속되니까. 생리가 없었다면 공부도 운동도 훨씬 더 자유롭게 했을 텐데 말이지. '생리를 하면 아기를 낳을 수 있어'라는 생물학적인 설명도, '생리하는 내 몸은 귀하고 소중해' 같은 축복(?)의 말도 있지만 별 위로가 되지 않았어. 평생 이런 고통을 겪어야 한다는 게 말도 안 된다고 생각했지.

그런데 엄마가 몇 년 전 넷플릭스에서 〈거꾸로 가는 남자〉라는 영화를 봤어. 그 영화는 남자와 여자의 사회적인 모습이 지금과 반대인 세상을 살게 된 남자의 이야기란다. 영화에서 기억나는 건, 주인공 남자가 회사에서 상사의 사무실에서 대화하는 장면이야. 남자가 여성 상사 책상 위에 놓인 물건을 무심코 집어 만지는데, 알고 보니 그건 상사의 생리용품이었지. 상사가 "양이 좀 많아서 큰 걸 사용하지"라고 자연스레 말하자 주인공이 깜짝 놀라지. 엄마는 그걸 보면서 뒤통수를 한 대 맞은 것 같았어. '아, 생리하는 게 인간의 자연스런 신체 현상으로 여겨지는 세상은 저런 모습이겠구나'라는 생각이 들었단다.

그렇다면 매달 생리를 하는 게 불편하고 이상한 게 아니라, 인간의 '원래 모습'이라고 생각할 수도 있지 않을까? 생각해보면, 우린 늘 몸이 편한 상태로만 살진 않잖아. 키가 크면서 겪는 성장통, 사춘기가 되어 겪는 여드름, 나이 들어 겪는 관절통처럼 말이야. 우리가 일생을 살면서 겪는 신체 이벤트 중 하나라고 여기는 거지. 몸에서 피가 며칠 나오고, 기분은 좀 가라앉고, 통증이 동반되는 그 상태가 찾아오는 게 당연한 거야. 불편함은 좀 있지만 감수하고, 너무 불편해서 참기 어려울 땐 그 원인을 찾기 위해 병원에 가서 진료 받는 거지.

또 새로 출시되는 생리용품이나 생리통 약도 직접 사용해보면서 방법을 찾는 거야. 이게 인간의 원래 모습이니까 말이야. 이렇게 생각하면 생리가 막 즐겁고 신나고 기대되진 않더라도, 적어도 숨겨야 한다거나 남들과 달라서 내가 불이익을 겪는다거나 하는 생각은 조금 덜 수 있지 않을까 생각해.

생리기간 중 가라앉은 기분과 어딘가 찝찝하고 불안한 기분을 완전히 없앨 수는 없지만, 통증만은 좀 가볍게 해주는 진통제가 있지. 그러니 생리통은 '우리가 언제든 겪을 수 있지만 얼마든지 방법을 찾아 가볍게 만들 수 있는 문제' 정도로 생각하고 지내면 어떨까? 그리고 생리 라이프를 슬기롭게 보내려면, 어떤 생리용품이 좋은지, 또 어떤 방법이 가라앉은 기분에 좀 도움이 되는지 네가 직접 여러 가지를 시도해야 할 거야. 참고로 엄마는 우울한 기분이 들면, 아무도 안 보는 데서 실컷 울어주면 확실히 나아지더라고. 진통제는 잘 듣는 것으로 미리 챙겨놓고 말이지. 아, 그리고 달콤하고 폭신한 무언가를 먹는 것도 도움이 많이 된단다!

참고자료

1) 약학정보원, 진통제
2) 위키피디아, 비스테로이드성 항염증제

8

아프기 전에 미리미리, 백신 두 번째 이야기

'잘 이기는 몸' 만들기는 계속된다

    서윤아, 엄마가 전에 백신에 대해 얘기했던 것 기억나? 백신은 우리 몸을 호시탐탐 노리는 세균이나 바이러스의 침입에 대비할 수 있도록 면역세포들을 미리 연습시키려고 맞는 주사지. 우리 몸에 백신을 접종하면 면역세포들이 침입자와 어떻게 싸워야 할지 연습하고 기억한단다. 그래서 다음에 같은 침입자를 만나면 훨씬 빠르고 효과적으로 물리칠 수 있어. 백신 주사를 맞는 걸 '예방접종'이라고 하지. 우리는 예방접종을 통해 세균이나 바이러스에 대한 면역력을 갖게 된단다. 그러니까 백신은 아픈 걸 치료하는 약이 아니라, 아프기 전에 미리 맞는 주사라고 설명했었지.

    백신은 종류가 무척 다양하고 접종 시기나 간격도 다양하지.

우리나라 사람들이 많이 걸릴 수 있는 감염병을 예방하기 위해 질병관리청에서는 〈표준예방접종 일정표〉에 따라 백신을 접종하도록 하고 있어. 특히 어릴 때부터 면역력을 갖추는 것이 중요하기 때문에 〈어린이 국가예방접종 지원사업〉을 통해 나라에서 정한 백신을 정해진 시기에 접종받도록 하고 있단다.

서윤이가 아기였을 때부터 몇 개월에 한 번씩 소아과 병원에 가서 필요한 예방주사를 맞았지. 초등학교에 입학하기 전까지 필요한 예방접종을 모두 마쳤고, 매년 겨울이 되기 전에 독감 예방접종으로만 백신을 만나고 있지. 그런데 앞으로 5학년 정도가 되면, 다시 몇 번의 예방접종이 서윤이를 기다리고 있단다. 엄마가 이번에 이야기하려는 백신은, 이 〈표준예방접종 일정표〉의 오른쪽

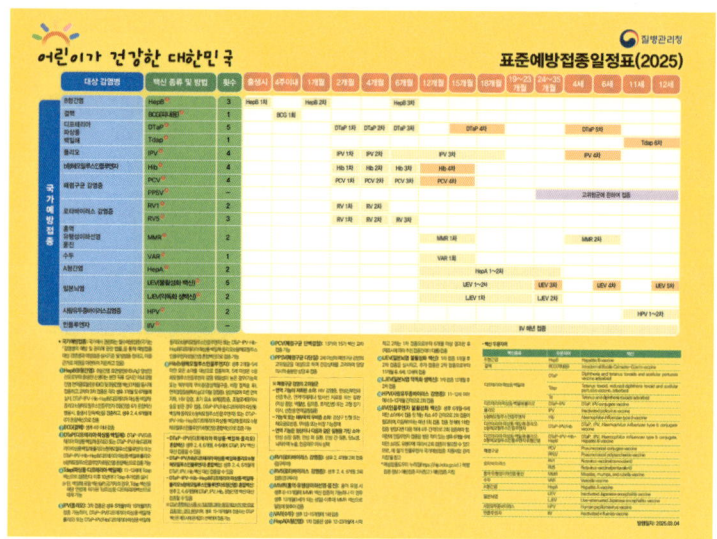

표준예방접종 일정표(2025), 질병관리청 예방접종 정보

아래에 적힌 'HPV 백신'이야.

자궁경부암의 가장 유력한 용의자는?

HPV 백신은 인유두종바이러스(HPV, Human Papilloma Virus) 감염을 예방하기 위해 맞는 백신이야. HPV에 감염되면 피부에 젖꼭지(유두, 乳頭) 모양의 돌기가 생기는 특징이 있어서 '인유두종'바이러스라는 이름이 붙었어. HPV 백신은 바이러스 유사입자(virus-like particle, VLP)를 가지고 만든단다. 혹시 엄마가 앞서 백신 이야기할 때 말한 '사백신' 기억나? HPV 백신도 사백신이지. 바이러스 감염은 일으키지 않으면서 우리 몸이 미리 HPV에 맞서 싸우는 연습을 하게 해주는 백신이야.

인유두종바이러스는 전염성이 높은 바이러스야. 감염돼도 대부분은 증상이 없고 12~24개월 이내에 자연스럽게 없어지지. 그런데 감염된 사람 중 3~10%는 지속적으로 감염되는데, 그런 경우에는 암으로 발전할 수 있어. 특히 이 인유두종바이러스는 '자궁경부암'의 가장 유력한 용의자거든. 자궁이 여성의 몸에서 생식 기능을 담당하는 중요한 기관인 건 알고 있지? 자궁은 몸 부분(체부)과 질로 연결되는 목 부분(경부)로 나뉘는데, 자궁경부암은 자궁의 목 부분인 '자궁경부'에 생기는 암을 말해.

인유두종바이러스가 자궁경부에서 증식하면 정상세포가 서

서히 암세포로 바뀐단다. 바이러스에 감염되었다고 해서 하루아침에 암이 되는 건 아니야. 먼저 정상세포가 변형되어 '이형세포'가 되는 것에서 시작하지. 그리고 이 이형세포가 암세포가 돼서 자궁경부암으로 진행되기까지는 수년에서 수십 년이 걸린단다. 그러니 자궁경부암을 예방하기 위해 미리 HPV 백신을 접종해 바이러스에 대한 면역력을 높이고, 1년에 1~2회 정기적으로 검사를 받아 암으로 발전하지 않도록 관리하는 게 중요해. 자궁경부암은 예방을 위한 노력을 통해 거의 100% 예방할 수 있는 암이거든.

인유두종바이러스는 이른 나이에 성 경험을 시작했거나 성관계 상대가 여러 명인 경우 등 성적인 접촉이 다양하고 많은 경우에 노출될 가능성이 높단다. 인유두종바이러스의 세부 종류가 하도 많다보니 번호를 붙여 부르는데, 자궁경부암을 일으키는 주요 원인은 16형과 18형이야. 70% 이상의 자궁경부암에서 16형과 18형 인유두종바이러스가 발견된다고 해.

그 밖에 6, 11, 31, 33, 45, 52, 58형도 자궁경부암의 원인이 되는 바이러스지. 자궁경부암 백신은 예방할 수 있는 바이러스 세부 종류의 개수에 따라 2가, 4가, 9가 백신으로 나뉜단다. 각각 2가지, 4가지, 9가지 바이러스 세부 종류를 예방할 수 있다는 뜻이야.

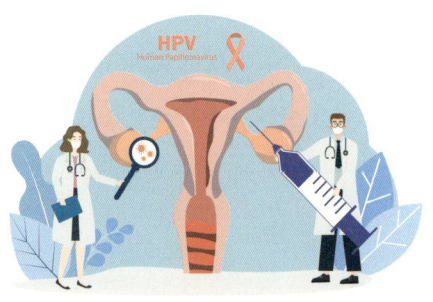

백신 종류 (이름)	2가 백신 (서바릭스)		4가 백신 (가다실 4가)		9가 백신 (가다실 9가)	
예방하는 바이러스 종류	16, 18형		6, 11, 16, 18형		6, 11, 16, 18, 31, 33, 45, 52, 58형	
접종하는 나이	만 9~25세 (남녀 모두)		만 9~26세 (남녀 모두)		여성: 만 9~45세 남성: 만 9~26세	
연령별 접종횟수	만 9~14세	만 15~25세	만 9~13세	만 14~26세	만 9~14세	만 15~45세(남성) 만 15~26세(여성)
접종횟수	2회	3회	2회	3회	2회	3회
접종일정	0, 6~ 12개월 이내	0, 1, 6개월	0, 6~ 12개월 이내	0, 2, 6개월	0, 6~ 12개월 이내	0, 2, 6개월

인유두종 바이러스 백신 종류

　인유두종바이러스는 성적 접촉을 통해 감염되는 경우가 많기 때문에, 성 경험이 없을 때 접종하는 것이 가장 예방효과가 크다고 해. 다만 한 번만 접종해서는 면역력을 완전히 가질 수가 없어서 2회 또는 3회를 접종해야 하지. 나이가 어릴수록 더 적은 횟수를 접종하는 것으로도 면역을 만드는 효과가 크단다.

　만 14세 이전(4가 백신은 만 13세 이전)에 접종한다면 2회 접종으로 마칠 수 있어. 하지만 그 연령대를 벗어나서 접종하면 3회에 걸쳐 접종해야 하지. 표에 나와 있는 것처럼 백신마다 접종 간격은 조금 달라. 2가 백신은 첫 접종일으로부터 1개월, 6개월인 반면, 4가와 9가 백신은 첫 접종일으로부터 2개월, 6개월 시점에 접종한단다.

　우리나라에서는 인유두종바이러스 감염을 막기 위해 HPV 백신을 국가예방접종 지원사업 대상으로 지정해서 지원하고 있지. 현재까지 지원대상은 12~17세 여성 청소년, 그리고 18~26세 저소득층 여성이야. 이 지원사업으로 지원하는 백신은 2가와 4가 백신이란다. 9가 백신은 지원대상이 아니라서, 만약 9가 백신을 접종하고 싶다면 별도로 돈을 내고 접종해야 하지. 그리고 지원대상 연령대가 아닌 여성이거나, 남성인 경우도 마찬가지로 돈을 내고 접종해야 해.

우리가 '잘 이기는 몸'을 가지려면

HPV 백신은 아직까지 '자궁경부암 백신'으로 알려져 있어서, 여성만을 위한 백신이라는 인식이 여전히 강해. 하지만 정확히는 인유두종바이러스 감염을 예방하는 백신이지. 그래서 자궁경부암 백신이 아니라 '인유두종바이러스(HPV) 백신'이라고 부르는 게 더 정확해. 인유두종바이러스는 성별에 관계없이 누구나 감염될 수 있어. 남성이 HPV에 감염되면 생식기 사마귀, 음경암, 항문암 등에 걸릴 수 있지.

하지만 아직까지 앞서 말한 HPV 백신 국가예방접종 지원대상에 남성은 포함되지 않았어. 남성도 예방접종을 통해 HPV로 인한 여러 질환을 예방할 수 있으니 반드시 접종하는 게 좋아. 그래서 앞으로 지원사업 대상을 확대하기 위한 논의가 진행 중이란다. 누구나 예방접종을 통해 건강을 지킬 수 있도록 하는 논의라는 점에서 반길 일이지.

다른 백신처럼 HPV 백신 또한 접종 후 이상 반응이 있을 수 있단다. 가장 흔한 이상 반응은 접종 부위의 통증과 부어오름인데, 대부분은 수일 내에 회복된다고 해. 그런데 몇 년 전 일본에서 있었던 부작용 사례 때문에 우리나라에서도 과연 HPV 백신을 맞아도 안전한가에 대한 논란이 있기도 했어. 하지만 그 부작용은 백신과 관련있는 것으로 보기 어렵다는 결론이 내려졌단다. 세계보건기구에서는 지금까지 전 세계에서 수집된 백신 관련 안전성 정보를 분석해서 HPV 백신이 '접종을 중단할 만큼의 안전성 우려는 없다'고 판단하고 있어.

그래서 서윤이도 일정한 나이가 되면 앞으로 혹시 겪을지도 모를 HPV 감염을 예방하기 위해 백신을 접종받게 될 거야. 백신 접종 후에 나타나는 이상 반응은 사람마다 다르기 때문에 서윤이에게도 이상 반응이 없을 거라고 100% 장담할 수는 없겠지. 그럼에도 불구하고 HPV 백신 접종으로 인유두종바이러스에 대한 면역력을 갖게 되고, 자궁경부암을 예방할 수 있다는 점을 고려해 백신 접종을 선택하게 될 거야.

우리가 살면서 하는 많은 결정에도 이렇게 '위험'과 '이익'의 크기를 따져야 할 때가 많단다. 사실 우리가 하는 대부분의 결정이 완전히 좋거나 나쁜 경우는 별로 없거든. 많은 경우에 좋은 결과와 나쁜 결과를 함께 가져올 수 있지. 그럴 땐 위험이 더 클지,

아니면 위험을 감수하고라도 얻을 수 있는 이익이 더 클지를 잘 따져봐야 해. 백신 접종도 그렇단다. 접종 후에 드물게 반응이 있을 수 있지만, 그동안 수많은 사람들에게서 자궁경부암을 비롯한 많은 병을 예방하는 효과가 훨씬 컸다는 것이 알려져 있지. 그래서 우리는 백신 접종을 하는 게 높은 확률로 이익일 거라는 기대를 가지고 결정할 수 있는 거란다.

어쩌면 이런 결정이 항상 100% 맞지 않을지도 몰라. 매 순간 우리가 하는 선택의 결과가 늘 '좋음' 아니면 '나쁨'이라면 결정하는 게 한결 쉽겠지. 하지만 살다보니 어떤 결정의 결과가 완전히 어느 한쪽으로 예상되는 경우는 별로 없더라고. 게다가 직접 내린 결정의 결과에 책임을 지는 건 결정을 내린 당사자의 몫이지. 그런 결정은 백신을 접종하겠다는 결정보다 더 어려울지도 몰라. 하지만 점점 삶의 경험이 쌓이면서 더 좋은 결정을 할 수 있는 지혜를 갖게 될 거야. 수많은 접종 사례를 통해 안전성이 입증된 HPV 백신처럼 말야. 서윤이가 잘 싸워 이기는 몸을 갖게 하기 위해서 엄마는 앞으로도 최선을 다해 좋은 결정만을 하도록 노력할 거야. 그리고 그런 결정 중 하나는, 서윤이가 제때 면역력을 갖출 수 있도록 예방접종을 잘 챙기는 것이 되겠지.

참고자료

1) 서울대학교병원 의학정보, 인유두종바이러스(HPV)
2) 대한산부인과학회 의학정보, 자궁경부암의 발생
3) 의협신문, 2023.5.9., '남성 HPV 백신' 무료접종 속도… 政, 효용성 연구 재추진.
4) 질병관리청 예방접종 정보, HPV 국가예방접종지원사업
5) 연합뉴스, 2016.8.13., 자궁경부암 백신 부작용 논란, 왜 일본에서만 유독 거셀까.

9

여드름이 걱정일 때, 여드름 치료제

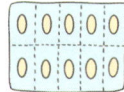

호르몬이 폭발하는 사춘기에 해야 하는 일

"하아."

시험이 내일모레인데 자꾸 책상 옆 손거울에 눈이 가던 때가 있었어. 인중 한가운데 왕여드름이 돋은 게 영 신경 쓰였지. "하필 시험기간이 생리주기랑 겹칠 게 뭐람." 투덜거리며 다시 공부하던 책으로 눈길을 돌렸지. 엄마 중학생 시절 이야기야. 엄마는 중학생 때부터 잊을 만하면 한 번씩 얼굴에 여드름이 나곤 했어. 그것도 이마 한가운데나 코 옆 눈에 잘 띄고, '부처님'이나 '오서방'처럼 별명 짓기 딱 좋은 위치에 말이야. 주로 생리주기와 겹치는 시기에 그랬지.

중학생 시절은 흔히 말하는 '사춘기'에 해당하는 시기지. 엄마도 그랬어. 어른이 되기 위해 누구나 한 번씩은 사춘기를 겪어. 혼자만의 고민이 생기고, 가족들도 이유 없이 밉고 싫기도 했지. '나는 왜 이렇게 못 생겼을까', '아무도 나를 몰라줘', '이런 나를 아무도 좋아하지 않을 거야' 같은 우울한 생각이 머릿속에 가득 차곤 했지만, 누구에게도 이런 마음을 시원히 말하지 못했어. 엄마가 중학교 2학년 때는 막내동생이 태어나기도 해서, 육아로 바쁜 외할머니에게도 말 못하기는 마찬가지였지.

그때 엄마는 외모 중에 특히 곱슬머리와 둥근 코, 그리고 통통한 몸이 맘에 안 들었어. 그런데 거기에 더해서 가끔 피부에 나는 여드름까지 합세하면 스스로가 이 세상 누구보다 못나 보였어. 사춘기는 인생에서 꼭 필요한, 아름답고도 복잡한 시기지만 그걸 겪는 당사자는 마냥 행복하지만은 않은 것 같아. 엄마도 그랬고 말이야.

여드름을 살살 달래며 잘 지내보자

수많은 사춘기 청춘을 괴롭히는 여드름의 가장 큰 원인은 호르몬이야. 어린아이일 때는 여드름이 나지 않다가, 호르몬 분비량이 폭발적으로 늘어나는 사춘기가 되어 여드름이 나는 이유야. 사춘기가 되면 몸 속에 '안드로겐'이라는 호르몬이 급격하게 증가하기 시작해. 안드로겐 분비가 많아지면 피부 안쪽에서 피지를 만들

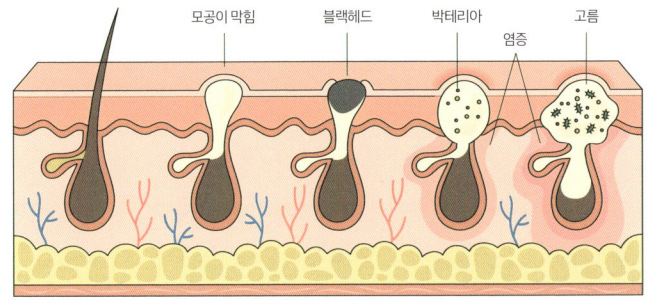

여드름이 생기는 과정

어내는 피지선이 활성화되면서 갑자기 피지가 많이 분비되지. 그러면 수시로 기름종이로 얼굴을 닦아내도 소용없을 정도로 '개기름'이 많이 나오게 돼. 그렇게 피지가 많이 나오다가, 마침 각질세포가 두꺼운 벽을 만들어 모공을 막으면 그 안에 피지가 쌓이고 고이게 되지. 이렇게 모낭 속에 고여 딱딱해진 피지가 여드름의 시작이야.

여기에 피지를 먹고 사는 세균인 프로피오니박테리움 아크네스(*Propionibacterium acnes*) 같은 여드름균이 모여들어 증식하면 염증이 생기지. 염증이 생기면 빨갛게 부어오르고 심하면 고름이 되기도 해. 여드름이 심한 사람은 염증 때문에 얼굴 곳곳이 울긋

불긋하고 울퉁불퉁해 보여. 가뜩이나 외모 고민이 심할 사춘기인데 얼굴 피부에 여드름까지 많이 나면 거울을 볼 때마다 한숨이 저절로 나오지. 심지어 얼굴에만 나는 게 아니라, 등에도 생기고 목, 가슴, 어깨에도 여드름이 생길 수 있어.

특히 여드름은 생리할 때가 되면 더욱 악화되곤 해. 생리가 시작되기 약 7일 전부터 몸에 '프로게스테론'이라는 호르몬이 많이 나오는데, 이 호르몬 또한 피지가 많이 나오도록 해서 여드름이 나기 쉽게 하기 때문이야. 이렇게 프로게스테론은 여성의 생리주기마다 많이 나오기 때문에 많은 여성들이 어른이 되고서도 여드름으로 고생하기도 하지.

여드름 치료를 위해 쓰는 약은 여러 종류가 있지만, 크게 먹는 약과 바르는 약으로 나눌 수 있어. 먼저 바르는 약은 항생제, 각질용해제, 그리고 항염증제로 나눌 수 있단다. 항생제는 여드름균을 억제하기 위해 쓰는데, 아무 항생제나 쓸 수 있는 건 아니야. 보통은 '클린다마이신'이라는 성분을 함유한 외용액제를 쓴단다. 이 약은 여드름이 붉어지고 염증이 생긴 상태에서 쓰면 효과가 좋아. 클린다마이신은 항생제라서 약국에서 바로 살 수는 없고, 의사의 처방을 받아야만 구입할 수 있지.

각질용해제로는 '살리실산 용액'과 '과산화벤조일 용액'이 대표적이야. 먼저 살리실산 용액은 각질을 연하게 만들어서 피지 분비를 원활하게 해주는 약이야. 각질이 녹으면 그 안에 고여 있던 피지가 밖으로 쉽게 나올 수 있겠지? 그리고 과산화벤조일은 각질을 녹이고 모낭 안에서 '반응성 산소'를 생성해 여드름균을 죽이기도 해. 과산화벤조일은 효과가 좋지만 그만큼 피부에 자극을 많이 줄 수 있고, 빛을 받으면 피부가 붉어지는 등 부작용이 생길 수 있다는 단점이 있지. 두 가지 약은 모두 초기 여드름, 그러니까 세균이 번식해서 염증으로 발전하지 않았을 때 쓰기 좋고, 처방받지 않고도 약국에서 바로 구입할 수 있단다.

그리고 항염증제로는 '이부프로펜피코놀'과 '이소프로필메틸페놀'이라는 두 가지 성분을 배합한 크림제가 있어. 이부프로펜피코놀은 엔세이드(NSAIDs, 비스테로이드성 소염진통제) 성분이라서 염증반응을 없애고 통증을 완화시킨단다. 그리고 이소프로필메틸페놀은 항균 작용, 염증 억제 작용을 해. 이 약은 특히 붉어진 여드름 부위에 바르면 여드름 때문에 생긴 염증을 억제해주지. 앞서 말한 항생제나 각질용해제와는 다르게 자극이 적어서 수시로 바를 수 있다는 게 장점이야.

그런데 만약 여드름균이 많이 증식해서 염증이 심하고 스트레스를 많이 받는다면 먹는 약을 처방받아 써볼 수도 있어. 먹는 여드름 약으로 많이 알려진 건 비타민 A 유도체인 '이소트레티노인'을 함유한 약이야. 여드름이 생기는 가장 큰 이유가 과도한 피지 분비인데, 이 피지 분비 자체를 막아주는 약이지. 마치 여름에 모기를 없애기 위해 모기 유충인 장구벌레가 사는 서식지를 미리 없애는 것처럼 이소트레티노인은 여드름균이 살 수 있는 환경을 미리 말려 없애는 것과 같은 일을 해. 여드름의 근본 원인인 피지를 싹 말려주니, 약을 써본 여드름 환자들은 여드름이 잘 낫는 경험을 하게 되지.

하지만 이소트레티노인은 효과가 좋은 만큼 부작용도 많아. 피지 분비 억제 기능은 여드름 난 부위에는 필요할지 몰라도, 몸의 다른 부위에서는 어느 정도 피지 분비가 꼭 필요하지. 그런데 이 약은 몸의 모든 피지를 말리기 때문에 입술이 건조해지고 머리털이 빠지거나 눈이 뻑뻑해질 수 있어. 마치 집 안 어느 곳에서 물이 샌다고 해서 집 전체로 들어오는 수도관을 잠가버리는 것과 같지. 더 이상 물은 새지 않지만, 꼭 필요한 세수나 빨래조차 못하게 물을 못 쓰게 하는 것과 같아.

결정적으로, 임신한 사람이 이 약을 먹으면 태아에게 치명적일 수 있어. 이소트레티노인은 신경능세포의 활동을 억제하고 세포 사이의 상호작용을 방해해 기형을 유발하는 것으로 알려져 있거든. 특히 태아의 뇌와 심장같이 중요한 기관 발달에 치명적인 영향을 줄 수 있지. 이소트레티노인은 비타민 A 유도체인데, 비타민 A를 과다복용했을 때 기형아 출산위험이 높아지는 것과 같은 원리야. 그러니 임신했거나 임신할 가능성이 있는 사람은 이 약은 반드시 피해야 한단다.

같은 이유로 임신부가 이소트레티노인이 녹아 있는 피를 수혈받을 수 있기 때문에, 이 약을 먹는 중에는 헌혈도 해서는 안 돼. 사춘기 청소년은 그럴 일이 거의 없겠지만 여드름이 많아 복용을 고민하는 어른이라면 이 점은 꼭 알아두어야 하지.

우리 마음에도 생겨나는 염증들

사춘기는 여드름이 나는 것 말고도 인생에 대한 고민이 많은 시기지. 그 고민을 누구에게도 말하지 못한 채로 마음에 쌓이면, 우울함과 답답함이 생겨나. 그리고 그런 마음은 좀처럼 없어지지 않아. 마음이 불만족스러우면 공연히 화가 나고 마음속에 있는 말을 꺼내놓기보다는 겉으로 보이는 불만만 늘어놓게 된단다. 엄마도 사춘기 때 외할머니에게 그런 적이 많았지. 하고 싶었던 말이 많았지만 꺼내놓기 귀찮아서, 말해도 몰라줄 것 같아서 말하지 않은 적이 많아. 답답한 마음은 그저 방문을 쾅 닫으며 드러내거나, 애꿎은 동생한테 대신 화를 내곤 했어. 그런데 이런 방법이 별로 좋지 않은 거, 서윤이도 잘 알지?

마음속에 풀지 못한 응어리가 있으면, 그 자리에 '마음의 염증'이 생겨난단다. 모낭 속에 고인 피지에서 신나게 파티를 벌이면서 피부를 망가뜨리는 여드름균을 상상해보렴. 우리 마음에도 이런 여드름균 같은 것이 자라나서, 붉어지고 아픈 것과 같아. 서윤이도 풀리지 않은 마음이 고이기 전에 가끔 엄마에게도 꺼내 보여주렴. 그러면 호르몬의 지배를 받는 와중에도 한결 말끔한 기분을 유지하는 데 도움이 될 거야.

마음을 내보이기가 말처럼 쉽지 않다는 걸 엄마도 겪어봐서 알아. 하지만 숨겨둔 마음을 내보이는 건 건강한 삶을 위해서 꼭 필요한 일이란다. 힘든 마음을 공유하는 것만으로도 한결 도움이 되고, 어쩌면 혼자선 생각하지 못했을 좋은 해결방법을 찾을 수도 있으니까 말이야. 마치 피지가 고여 생긴 여드름을 치료하는 것처럼 마음에 생기는 여드름도 이렇게 치료할 수 있어. 마음속 이야기가 쌓이고 굳어 염증이 되기 전에 알려줘. 엄마가 깨끗이 닦아주거나 필요한 약을 발라줄 테니. 엄마는 딸을 위해 필요한 마음의 약도 가지고 있는 약사 엄마니까 말이야.

참고자료

1) 약학정보원, 여드름약
2) 식품의약품안전처 의약품안전나라 의약품안전사용매뉴얼, 바르는 여드름 치료제의 올바른 사용법
3) 임신부, 여드름 치료제 '이소트레티노인' 복용시 기형 출산 위험 최대 3.76배, 일산백병원 한정열 교수 메타분석 결과, 2022, Medical World News

10

체중을 조절할 때, 비만치료제

내가 원하는 내 모습을 만들려면

서윤아, 새해가 된 지도 벌써 보름이 넘게 지났어. 엄마는 새해를 맞이해 새로운 목표와 계획을 세웠어. 사실 계획은 작년하고 크게 달라진 건 없어. 하던 걸 꾸준히 계속하는 게 엄마의 올해 목표야. 그중에는 '영어 실력 향상'과 '체중 감량'도 빠지지 않고 들어 있지. 다들 새해 목표와 계획을 세우지만, 꾸준히 지속하기란 여간 어려운 게 아니지. 엄마도 어른이 되고부터 늘 새해 계획을 세우는데, 내용은 늘 비슷해. 왜 작년하고 올해 목표가 같을까? 그 이유는 원하는 목표에 도달하려면 꾸준한 노력이 필요하기 때문이야.

특히 '살을 빼서 날씬해지고 싶다'는 새해 목표의 단골 메뉴야.

살 빼는 방법은 사실 간단해. 몸에 좋은 음식을 적당히 먹고 꾸준히 운동하는 거지. 그렇게 정석대로 하면 시간과 인내심이 좀 필요해도 살은 건강하게 빠져. 또 그 습관을 평생 유지하면 되는 거야. 말은 참 쉽지? 하지만 요즘은 어디서든 맛있는 음식을 쉽게 구할 수 있는 데다, 배불리 먹고 싶은 욕구를 참는 것은 늘 어렵지.

운동을 꾸준히 하는 것도 그래. 특히 엄마처럼 워킹맘이라면 퇴근 후 집에 와서도 집안일을 하고 서윤이를 돌봐야 하잖아. 그렇게 저녁에 이것저것 하다 보면 쉽게 지쳐버리고, 시간도 어느새 훌쩍 지나 있곤 하지. 그래서 근육을 키우고 체지방을 태우는 운동을 지속하기가 쉽지 않아. 그래서 가끔 '맛있는 음식을 실컷 먹으면서 운동은 안 하고 그냥 날씬해지고 싶다'는 생각을 하곤 해. 특히나 마른 몸매가 워너비인 요즘 같은 시대에는 많은 사람들이 그런 생각을 하지.

그래서 요즘 핫한 이슈가 살 빼는 약이야. 힘들이지 않고 살만 쏙 빼주는 약이 있다면 누구나 귀가 솔깃할 거야. 그동안 수많은 살빼는 약이 등장한 이유지. 그런데 이 이슈가 최근에 더 핫해진 건, 새로운 원리로 살을 빼주는 약이 나와서야. 외국의 유명한 사업가와 연예인이 이 약으로 살 빠지는 효과를 봤다고 해서 세계적으로 화제가 됐어. 우리나라에서도 마찬가지야. 그 약을 만드는 제약회사에 다니는 임마 친구들에게 물어보니, 세계적으로 공급량이 부족하고 우리나라에서도 마찬가지래. 그만큼 약을 써서 살을 쉽게 빼고 싶은 사람들이 많다는 거겠지? 그렇게 약으로 척척

비만으로 생길 수 있는 질병

살을 뺄 수 있다면 약만 먹으면 먹고 싶은 것 다 먹고, 운동 안 하고도 살을 척척 뺄 수 있다는 걸까? 안타깝게도 그건 그렇지가 않아. 그래서 엄마가 오늘은 살 빼는 약에 대해 말해보려고 해.

생각보다 더 위험한 비만의 이면

사실 살 빼는 약은 비만을 치료하는 '비만치료제'야. 의학적인 비만은 단순히 '몸에 군살이 좀 붙었다'는 것과는 달라. 세계보건기구에서는, 비만을 '건강에 위험을 초래하는 비정상적이거나 과도한 지방 축적 상태'라고 말해. 체질량지수(body mass index, BMI, kg/m^2)가 25 이상이면 과체중, 30 이상이면 비만이라고 하지.

세계적으로 비만 환자 수가 늘고 있는데, 2020년에는 세계 인구 중 38%가 BMI 30 이상인 비만이고 앞으로 계속 늘어나 2035년에는 51%로 증가할 것으로 예측되고 있어. 우리나라에서는 BMI 25 이상인 성인 비율이 2007년에는 31.7%였지만 2015년 33.2%로 증가했고 2020년에는 38.3%로 더 크게 증가했단다. 그리고 2022년에는 37.2% 수준이었지. 우리나라 어른들 3명 중 1명이나 비만인 셈이니, 이제 우리나라에서도 비만은 관리해야 할 질환이 된 거야.

비만의 문제는 다만 몸이 살쪄서 커졌다는 데 그치지 않아. 여러 가지 다른 병을 유발한다는 게 더 큰 문제지. 비만인 사람들은 몸에 가득 쌓인 지방 때문에 혈관 안쪽에도 지방이 쌓여서 혈관이 좁아지기 쉽거든. 그러면 심장과 혈관에 무리가 가는 경우가 많아. 이런 심혈관 질환 때문에 비만인 사람들은 그렇지 않은 사람들보다 사망률이 2배나 더 높다고 해. 그뿐 아니라 당뇨병, 고지혈증, 지방간, 담석증, 퇴행성 관절염, 통풍에 더 잘 걸릴 수 있고, 심지어 각종 대장암, 췌장암 같은 각종 암이 생길 위험도 높다고 해. 비만이 생각보다 더 위험한 병이지?

이런 비만을 치료하기 위해 가장 먼저 고려해야 할 방법은 행동치료, 식사치료, 운동치료 같은 생활습관 개선이야. 이런 방법으로 3~6개월 먼저 살빼기를 시도했는데도 10% 이상 체중이 줄지 않았을 때 보조적으로 약을 사용할 수 있어. 대한비만학회에서는 'BMI가 25 이상인 환자들이 약을 쓰지 않았을 때 체중 감량에

실패한 경우'에 주치의와 상의해서 약으로 치료하는 것을 고려하도록 하고 있어.

그렇다면 비만을 치료하기 위한 비만치료제는 어떤 것이 있을까? 비만치료제는 몸에서 어떤 방식으로 일하느냐에 따라 크게 세 가지로 나눌 수 있어. '식욕억제제'와 '지방분해효소억제제', 그리고 '글루카곤유사펩타이드-1(glucagon like peptide-1, GLP-1) 유사체'가 그것이지.

먼저 식욕억제제는 뇌에서 배고픔을 덜 느끼게 하거나, 포만감을 증가시키는 신경전달물질이나 호르몬의 작용을 늘려 식욕을 억제하는 약이야. '펜터민', '펜디메트라진', '디에틸프로피온', '마진돌', '부프로피온-날트렉손' 같은 성분이 있어. 부프로피온-날트렉손을 제외하고는 모두 중추신경계에 영향을 주는 '향정신성의약품'에 해당한단다. 향정신성의약품은 중추신경계에 작용하는 약 중에서 잘못 쓰거나 너무 많이 쓰면 몸에 심각한 위해를 줄 수 있는 약을 말해. 이렇게 향정신성의약품에 해당하는 식욕억제제는 정신적 의존성이나 내성을 일으킬 수 있는 우려가 커서, 2개월 이내로만 짧게 사용해야 한단다.

그리고 '지방분해효소억제제'가 있어. 지방분해효소억제제는 음식에 있던 지방이 분해돼 몸에 흡수되는 것을 방해해. 그래서 지방이 몸에 쌓이지 않고 몸 밖으로 그냥 나가게 하지. 지방분해효소억제제로는 '오르리스타트' 성분이 대표적이야.

이 약은 1999년 세계 최초로 비만치료제로 허가받은 약이기도

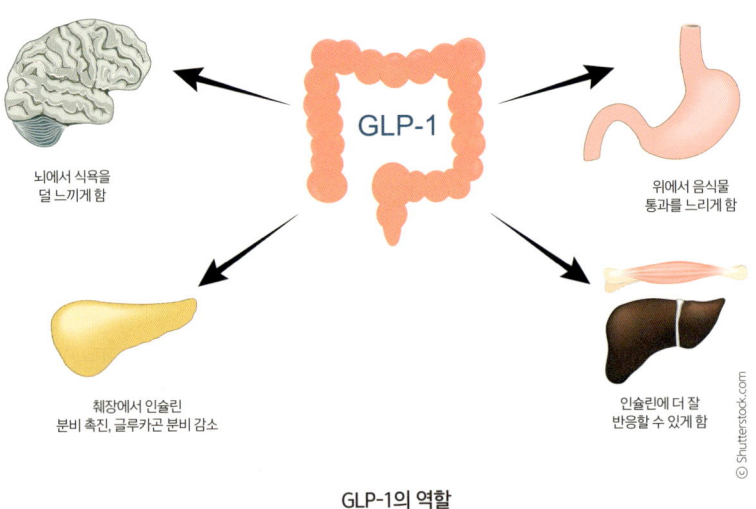

GLP-1의 역할

해. 식사와 함께 또는 식사 후 1시간 이내에 복용한단다. 이 약을 복용하면 흡수되지 않은 지방이 변으로 나오는 게 특징이야. 위에서 말한 향정신성의약품 식욕억제제와는 다르게 장기간 복용할 수 있지. 다만 음식 중 탄수화물 비중이 높은 우리나라 사람들 식습관엔 잘 맞지 않고, 지방변 등 이상 반응 때문에 불편함을 겪는다는 단점이 있어.

마지막으로 'GLP-1 유사체'가 있단다. 앞에서 말한 것처럼 최근에 출시되어 요즘 화제가 되는 약이야. 현재까지 '리라글루티드', '세마글루티드' 그리고 '터제파타이드' 성분이 쓰이고 있어. GLP-1은 glucagon like peptide, 즉 글루카곤과 유사하게 일하는 펩타이드를 말한단다. GLP-1은 우리가 음식을 섭취하면 회장과 대장의 'L세포'에서 분비되는 인크레틴(incretin, 인슐린 분비를 촉진하는 호르몬)의 일종이야. 우리 몸에 있는 GLP-1은 몸에서 빨리 사라져버리기 때문에 그대로는 약으로 사용하기 어렵단다. 하지만 몸 안에서 더 오래 일할 수 있도록 구조를 바꿔서 약으로 만든 게 GLP-1 유사체야.

사실 GLP-1 유사체는 원래 당뇨병 치료제로 개발된 약이야. GLP-1은 췌장에서 인슐린 분비는 늘리고 글루카곤 분비는 줄여서 혈당을 내려주거든. 또 인슐린을 분비하는 췌장 베타세포를 도와서 우리 몸이 인슐린에 더 잘 반응할 수 있게 만들기도 해. 그런데 여기에 더해서 위에서 음식물 통과를 느리게 하고 뇌에서 식욕을 덜 느끼게 해서 혈당을 조절하는 일도 하지. 즉 우리 몸의 호르몬이 일하는 방식을 체중이 줄어드는 데 유리하게 바꾸는 거야. 식욕은 줄어들고 소화 속도가 늦어져서, 결국 살이 빠지게 되는 거란다.

그런데 GLP-1 유사체는 위장 운동을 늦춰서 식욕을 억제하기 때문에 부작용으로 위장 장애를 겪을 수 있어. 그 밖에 구토, 변비, 복통, 소화불량 등도 부작용으로 나타날 수 있지.

엄마가 앞에서 말한 것처럼 GLP-1 유사체는 최근에 특히 전 세계적인 관심 대상이야. 그동안 나온 다른 비만치료제보다 살 빼주는 효과가 크다고 소문이 나서지. 실제로 비만 치료를 위해 이 약을 써본 사람 말에 따르면, 놀랄 정도로 식욕이 줄어서 아주 적은 양만 식사를 해도 전혀 배고픔이 느껴지지 않는대. 다이어트가 전보다 무척 쉽게 느껴진다고 하더라. 비만 치료가 필요하지 않은 엄마조차 그 말을 듣고 좀 솔깃하긴 했지.

어쩌면 가장 어려운 '꾸준한 지속성'에 대하여

그런데 서윤아, 한 가지 기억할 게 있어. 바로 약을 평생 쓸 수는 없다는 거야. 비만치료제를 쓰면 처음에는 체중이 줄겠지만 언젠가는 반드시 약을 중단해야 할 때가 오지. 그러면 생활습관을 개선해 적정한 체중을 꾸준히 유지하는 게 결국 숙제로 남는 거야. 우리 몸의 항상성은 생각보다 강력하거든. 평소보다 훨씬 절식하고 과한 운동으로 짧은 기간에 살을 뺐더라도 다시 예전의 생활습관으로 돌아가면 다시 빠르게 살이 쪄버리게 되지. 약을 써서 살을 뺐더라도 마찬가지야. 약을 중단하고 예전의 생활습관으로 돌아가면 다시 예전 몸무게로 돌아올 가능성이 높아. 그러니 비만 치료를 끝까지 성공하려면, 내가 바꾼 생활습관을 평생 이어간다는 생각으로 계속해야 해. 마치 학생이 중간고사와 기말고사는 벼락치기와 족집게 과외를 받아 해결했더라도, 좋은 내신 성적을 유지하려면 평소에 성실한 수업 태도를 유지하고 수행평가 점수를 잘 관리해야 하는 것과 같지.

우리는 늘 쉬운 방법을 찾길 원하지만, 내게 꼭 필요한 걸 얻으려면 결국 나를 꾸준히 단련해야 해. 매일매일 조금씩 시간과 에너지를 들여야 한단다. 다들 알지만 실천하기엔 어려운 그 '꾸준한 지속'이 필요한 거지. 그게 말처럼 쉽진 않지만 엄마도 하루하루 꾸준히 뭔가를 하려고 해. 엄마가 되고 싶은 엄마 모습을 스스로 만들 수 있게 말이야.

자, 그러면 엄마가 올해 새해 목표로 야심차게 세운 것들이 과연 연말에는 어떤 결과를 가져올까? 아직 한 달이 채 안 지났지만 아직까지는 순항 중인 것 같네. 시간이 좀 더 지나면 처음 가졌던 굳은 마음이 스르륵 풀어질 수도 있겠지. 하지만 서윤이가 지켜보고 있으니 엄마가 좀 더 정신 바짝 차리고 새해 계획을 실천해볼게. 엄마가 운동과 식습관 조절을 통해 건강하게 건강하게 체중 감량을 얼마나 할 수 있을지도 서윤이가 지켜봐주렴.

참고자료

1) KBS 뉴스, 2023.3.3., "세계 과체중·비만 인구, 2035년 전체의 절반 넘어설 것".
2) 국가지표체계, 비만율
3) 대한비만학회 홈페이지, 비만의 치료
4) 서울아산병원 질환백과, 비만
5) 약학정보원, 비만(Obesity)치료의 최신 지견

3

새로운 생명을 품고 낳을 이들에게

11

물 한 모금 삼키기 힘들 때, 입덧약

생각지 못한 어려움을 덜어내는 방법에 대해

"자기야, 그것 좀 방에 들어가서 먹으면 안 돼? 문도 좀 닫고!"

엄마가 서윤이를 임신했던 초기는 봄이 지나고 초여름에 접어들던 때였어. 창문을 열어놓으면 집안에 바람이 살랑살랑 불어와 기분 좋던 때였지. 하지만 그런 날씨와 다르게 엄마는 그때 엄마는 양념 냄새가 유독 역하게 느껴졌어. 특히 마늘과 파, 그리고 간장이 들어간 양념 냄새가 싫었지. 평소에는 아무렇지 않았는데 말야. 냄새만 싫은 게 아니라, 씹을 때 이 사이로 느껴지던 고기 질감도 싫어. 어느 날은 아빠가 저녁으로 불고기를 볶아 먹는 냄새가 너무 싫은 거야. 그래서 애꿎은 아빠한테 방에 들어가 문 닫고 먹으라는 특단의 조치(?)를 내리기도 했지.

　임신 초기에 겪는다는 입덧은 엄마에겐 그런 증상이었어. 익숙한 음식 냄새가 갑자기 싫어졌고, 어떤 음식은 쳐다보거나 상상하기도 싫었지. 처음 겪는 일이라 엄마는 무척 당황스러웠단다. 그나마 다행이었던 건, 자주 토하거나 음식을 못 먹는 증상처럼 심하지는 않았다는 거였지.

　'입덧'이 뭘까? 입덧은 주로 임신 초기에 겪는데, 특정 음식이나 냄새에 민감해져서 구역질이 나거나 구토를 하고 어지러움을 느끼는 증상이야. 어떤 사람들은 입덧을 임신 기간 내내 겪기도 해. 차멀미를 해서 몇 시간 어지러움을 느끼는 것도 괴로운데, 그런 증상을 몇 달 내내 겪는다고 생각해봐. 정말 괴롭겠지? 미리 알고 예방할 수 있으면 참 좋겠지만, 그럴 수도 없지. 입덧은 임신을 해야만 비로소 알게 되는 신체적인 특징이니까 말이야. 입덧의 원인은 정확하지는 않지만, 임신 중 호르몬 변화 때문인 걸로 알려져 있어. 우리 몸이 임신 상태가 되면, '융모성 생식선 자극호르몬(hCG)'이 나와서 태아가 될 수정란에 영양을 공급하는데, 이 호르몬이 입덧 증상을 일으키는 것으로 추정한단다.

　임신 초기에 입덧을 겪는 건 엄마가 음식으로 섭취한 물질 중에 아기에게 해가 될 수도 있는 것을 거르기 위해서라고 해석하기도 해. 임신 초기는 태아의 뇌와 척수 등 중추신경계가 만들어지는 중요한 시기거든. 그만큼 외부에서 들어오는 해로운 물질을 막기 위한 반응이 더 격하게 일어날 수 있지. 물론 임신부 스스로가 임신임을 알고 조심하기도 하지만, 몸이 먼저 임신 상태에 반응하는 셈이지.

입덧은 호르몬 변화 때문에 생긴단다

입덧은 임신 4주경부터 시작하는데, 시간이 지나면서 증상이 점점 심해지다가 12~14주차가 되면 자연스럽게 사라진단다. 임신부 중 80%가 입덧을 겪는다고 해. 이 중 10%는 출산할 때까지 입덧이 이어진다고 하지. 입덧 증상과 종류는 사람마다 다르지만 보통 구역, 구토, 그리고 속이 메스꺼운 증상이 대표적이야. 심한 입덧으로 음식을 먹지 못하고 계속 구토를 하게 되면 영양 불균형과 탈수가 올 수 있어. 그러면 입덧 증상은 더 심해지는 악순환이 반복된단다.

심하지 않은 입덧은 생활 습관이나 식습관을 조금 바꾸는 것으로도 좋아질 수 있어. 냄새가 심하지 않아 먹기 편한 음식, 예를 들면 비스킷이나 바나나 같은 음식부터 시작해서 조금씩 먹을 수 있는 걸 늘려 가는 거지. 뜨거운 음식은 냄새가 더

많이 날 테니 시원한 음식 위주로 먹는 방법도 있고. 새콤한 걸 먹으면 조금 나아지기도 해서, 속이 울렁거릴 때 레몬맛 사탕을 먹는 사람들도 많이 있어. 하지만 이런 방법을 써도 입덧 증상이 가라앉지 않아 일상생활이 어렵거나 임신 중기 이후에도 여전히 입덧을 한다면 약을 처방받아 복용하는 방법도 있단다.

대표적인 입덧약으로는 '독실아민'과 '피리독신'을 각각 10mg씩 함유한 복합제가 있단다. 독실아민은 항히스타민제 성분이야. 구역과 구토 같은 증상을 낫게 해주는 것에 더해서, 졸음이 오고 몸을 나른하게 하는 효과도 있단다. 그리고 피리독신은 비타민 B6의 일종이야. 임신 중 구토와 메스꺼움에 효과가 있는 것으로 알려져 있지.

입덧약은 장에서 녹도록 만들어진 '장용정'으로 만든단다. 보통 약은 위에서 녹고 장에서 흡수되지만, 장용정은 위에서 녹지 않는 특별한 옷을 입혀 만들었기 때문에 위에서는 녹지 않고 장에서 녹기 시작한단다. 그래서 다른 약들보다 몸에서 조금 더 천천히 일하기 시작해서, 복용한 지 4~6시간 후에 약효가 나타나지. 그런 이유로 입덧약은 보통 자기 전에 복용한단다. 증상이 가장 심한 아침 시간의 입덧을 완화하는 데 효과를 내도록 말이야. 그리고 입덧약을 자기 전에 복용하는 또 다른 이유는, 독실아민 성분이 항히스타민제 성분이기 때문이야. 항히스타민제 부작용으로 졸음이 오고 어지러울 수 있거든. 그래서 밤에 입덧약을 복용하는 것이 여러 가지로 편리하지.

그리고 만약 입덧약을 복용하면서 증상이 괜찮아졌다고 약을 갑자기 끊으면 다시 구토가 시작되거나 불면증이 오기도 해. 그래서 입덧약은 한 번에 끊으면 안 되고 점점 줄여가면서 끊어야 한단다.

임신 중에 약을 복용하는 것이 혹시라도 태아에게 좋지 않은 영향을 줄까봐 꺼려질 수 있어. 하지만 독실아민과 피리독신을 함유한 입덧약은 미국 식품의약국(FDA)에서 임신부와 태아에게 완전히 안전한 것으로 분류하고 있단다. 또 미국과 캐나다에서는 실제로 30년 이상 사용되고 있다고도 해. 다만 이렇게 안전성이 입증되었어도 임신부가 복용하는 약이기 때문에 처방을 받아야만 살 수 있단다. 입덧이 너무 심해 도움을 받아야 하는 경우에 의사와 상의해서 복용량과 주기를 결정하고 사용할 수 있어.

입덧약이 가진 부작용도 있단다. 특히 앞서 말한 것처럼 독실아민성분은 항히스타민제 성분이기 때문에 진정 작용이 있어서 졸음이 오게 하지. 그렇기 때문에 약을 복용하고 나서 운전이나 기계 조작 같은 것을 하지 않아야 해. 또 이 약은 음식과 함께 복용하면 몸으로 흡수되는 양이 줄어들거나 효과가 늦게 나타날 수 있어 빈 속에 복용해야 하지. 또 다른 주의할 점은, 이 약이 장용정이기 때문에 부수거나 자르지 않고 통째로 복용해야 한다는 거야. 부수거나 자르면 장에서 녹는 특별한 옷이 손상돼서 제 역할을 못하기 때문이지.

힘든 건 가능한 방법을 써서 덜어내자

이렇게 임신 중에는 생각지도 못한 어려움을 만나 당혹스러울 때가 있단다. 만약 입덧으로 인한 고통이 너무 심하면 억지로 참고 있을 필요는 없어. 엄마가 되는 과정에서 일어나는 모든 일이 희생과 인내로만 감당되어야 하는 건 아니니까. 엄마는 좋은 방법을 찾아서 도움을 받아야 한다고 생각해.

엄마도 서윤이를 임신했을 때 입덧을 비롯해 예상치 못한 일들로 당황했던 적이 많았어. 안다고 생각했던 것과 실제로 겪는 건 많이 달랐지. 앞서 말한 것처럼 엄아가 임신 초기에 불고기 냄새만 맡아도 속이 뒤집혔다고 했잖아. 그땐 힘들었지만, 지금은 다시 잘 먹고 있잖아. 그런 불편함도 결국엔 지나가더라.

이렇게 살다 보면 생각지 못한 어려움이 찾아올 때가 있단다. 그럴 때 서윤이가 꼭 기억해줬으면 하는 게 있어. 그 순간은 분명 지나간다는 것, 그리고 언제나 덜어낼 수 있는 방법이 있다는 것 말이야. 마치 임신 전에는 전혀 몰랐던 입덧이 막상 닥쳤을 땐 약으로 완화할 수 있는 것처럼 말이지.

서윤이도 앞으로 힘든 상황을 마주하더라도, 참고 견디는 것 말고 다른 방법이 있을 수 있다는 걸 기억했으면 좋겠어. 그렇게 방법을 찾는 일, 필요할 때 도움받는 일은 서윤이가 나약하다는 뜻이 아니야. 오히려 서윤이를 지키는 무기가 하나 더 늘어나는 셈이지. 앞으로도 그런 방법들을 서윤이가 잘 찾아갈 수 있기를 바라. 임신 전에는 미처 몰랐던 입덧을 만나 괴롭다면 이를 해결해줄 수 있는 입덧약이 있는 것처럼 말이야.

그리고 엄마는 서윤이가 선택할 수 있는 많은 해결방법 중 하나가 될 수 있었으면 해. 서윤이와 엄마가 살아가는 시대는 조금 다를지 몰라도, 살면서 겪는 대부분의 문제는 비슷한 방식으로 해결되는 경우가 많거든. 서윤이가 어떤 일에 대한 방법과 지혜를 찾을 때 엄마가 곁에 있다는 걸 떠올려준다면, 엄마는 서윤이 엄마로서 자부심을 느낄 수 있을 것 같아.

참고자료

1) 질병관리청 국가건강정보포털, 입덧
2) 중아일보 헬스미디어, 2021.5.28., 심할 때만 복용해도 되는 안전한 입덧약, 임신 기간 삶의 질 높여줘요
3) 메디칼타임즈, 2016.9.7., 입덧치료제 국내 첫 출시
4) ABC News, 2013.4.10., FDA Approves Morning Sickness Drug Once Feared Unsafe

12

견딜 수 없는 고통에는, 마취제

몸과 마음의 아픔을 다스리는 방법에 대해

얼마 전 충치 치료를 받으러 치과에 갔을 때 서윤이 너는 치료받기가 아프고 무섭다고 울었지. 벌써 여러 번 치료를 받았는데도 그랬어. 서윤이의 이가 잘 썩는 이유는 아무래도 평소에 '마이쮸' 사탕과 초콜릿을 즐겨 먹기 때문인 것 같아. 그런데 그거 아니? 치료받을 때 입 안에서 느껴지는 진동과 통증이 무서운 건 어른들도 마찬가지라는 것을 말이야. 어른들도 치과에 가서 진료 의자에 앉아 치료를 기다리면서 그제야 비로소 지난날의 행실(?)을 돌아보며 후회하곤 하지. 엄마는 서윤이가 앞으로 치과를 가는 게 싫어서라도 단 걸 좀 안 먹으려나 했는데. 음, 아무래도 마이쮸를 완전히 끊는 건 아직 좀 어렵지?

치과 치료를 받을 때 심한 통증을 덜 느끼게 하려고 마취제를 사용하기도 해. 이번에도 서윤이는 치료받기 전에 마취 주사를 맞았지. 그때 너는 충치 치료보다 마취 주사가 더 아프다고 했잖아. 하지만 마취 주사는 치료를 아프지 않게 해주는, 잠깐의 따끔함일 뿐이란다. 이후에 치료할 때는 마치 마법처럼 통증이 사라져버리게 해주지.

엄마가 마취제 이야기를 왜 하냐고? 이번엔 아기를 낳을 때 겪는 진통과, 그 고통을 덜어주는 약에 대해 이야기하려고 하거든. 지난번에는 엄마가 임신했을 때 겪는 입덧 이야기를 했었잖아. 입덧도 괴로운 일이지만 출산할 때는 그보다 더한 어려움을 겪지. 역시 임신과 출산은 보통 힘든 일이 아니야.

새로운 생명이 세상에 나오기까지

서윤이도 아는 것처럼 아기는 엄마 뱃속의 자궁 안에서 크지. 아기가 엄마 뱃속에서 다 커서 엄마 몸 밖으로 자궁이 수축하면서 큰 고통을 주는데, 그걸 바로 '진통'이라고 불러. '자궁 수축'이라는 말을 어디서 들어봤지? 맞아, 생리통도 자궁 수축 때문에 생긴다고 했잖이. 그때 자궁을 수축시키는 물질이 '프로스타글란딘'이야. 아기 낳을 때도 프로스타글란딘에 의해 자궁이 수축하거든. 그래서 생리할 때 아랫배와 허리가 아픈 거랑 비슷해. 하지만 출

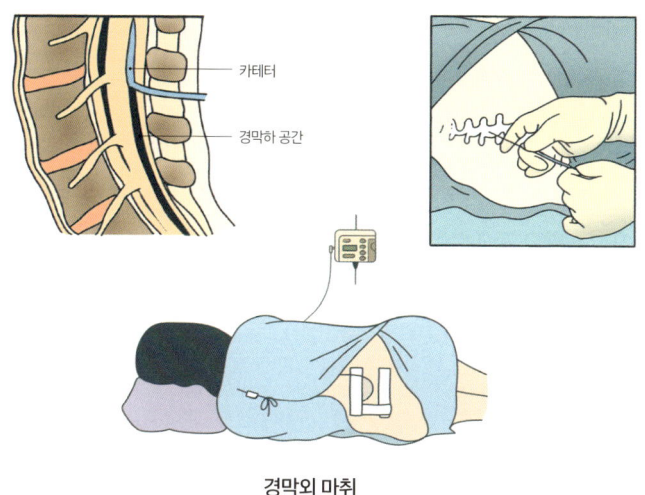

경막외 마취

산 때는 그 강도가 훨씬 더 심하단다. 인간이 느낄 수 있는 고통을 심한 것부터 순위를 매겼을 때 출산의 고통이 3위 안에 들 정도라고 해.

이렇게 심한 출산의 고통에 도움이 되는 약이 있다면 써봐야겠지? 그래서 고통을 조금이라도 줄일 수 있게 '무통분만' 방법을 많이 쓴단다. 무통분만은 마취를 통해 진통 강도를 줄이고, 근육을 이완시켜 출산을 쉽게 하는 방법을 말해. 진통이 어느 정도 진행되어 심해질 무렵에 비로소 마취 주사를 맞거든. 아기가 나오기 위해 자궁문이 적어도 4cm가량 열렸을 때지. 그래서 완전히 '무통분만'이라고 하긴 어렵고, 심한 고통을 덜어주는 용도라고 보는 게 맞아.

무통분만에서 가장 흔히 사용하는 방법이 '경막외 마취' 방법이야. '경막'은 척수를 둘러싸고 있는 튼튼한 막이란다. 경막외 마취는 그 막 바깥쪽을 마취하는 방법이지. 산모가 허리를 앞으로 숙이고 있으면 그 상태에서 경막 바깥쪽에 주삿바늘을 넣어 관을 연결해. 그리고 그 관을 통해 마취제를 주입하는 방식이야. 주삿바늘을 넣기 전에는 이 부분을 먼저 국소마취한단다. 마취를 위한 마취를 하는 셈이지.

이 방법은 하반신만 마취되기 때문에, 산모의 의식이 있는 상태에서 마취 강도를 조절할 수 있어. 그리고 자궁문을 조금 빠르게 열어줘서 출산 진행을 좀 더 빠르게 하는 효과도 있단다. 무엇보다 출산할 때의 고통을 많이 줄여줄 수 있어. 그래서 임신중독증(임신했을 때 나타나는 고혈압성 질환을 말해)이 있거나, 산모의 심장이 약하거나 산통이 심한 경우에 경막외 마취 방법의 도움을 받을 수 있어.

하지만 단점도 있단다. 아기를 낳기 위해선 필요한 때에 산모가 힘을 주어야 하는데, 마취제를 투여한 상태에서는 힘주기가 효과적이지 않을 수 있거든. 그리고 경막외 마취를 하고 싶어도 척추에 문제가 있거나 신경계에 이상이 있으면 사용할 수 없어. 그래서 모든 산모가 이 방법을 선택할 수 있는 건 아니야. 더불어 마취 후에 구토, 경련, 통증, 불쾌감 등 부작용이 나타날 수 있다는 점도 고려해야 하지.

견디기 힘든 고통이 내 앞에 찾아올 때

엄마도 서윤이를 낳을 때 '무통분만'을 선택하고 경막외 마취 주사를 맞았던 기억이 나. 서윤이를 임신했을 때 인터넷에서 수없이 찾아본 출산 후기에서는 대부분 '무통천국'이라는 표현을 쓰더라고. 아기 낳는 과정에 '천국'이라는 말이 과연 어울리는지 의문이었지만, 그만큼 마취 주사 맞기 전까지의 고통이 심했다는 뜻인 것 같았어. 그렇게 후기를 찾아 열심히 읽고 나서 엄마도 같은 선택을 했지. 그런데 이상하게도 엄마는 마취 주사를 맞고서도 고통이 일순간에 사라지는 경험은 하지 못했어. 아마도 약이 잘 듣지 않았거나 약하게 고통을 덜어주는 효과가 있었을 뿐이었던 거겠지. 나중에 찾아보니 경막외 마취를 해도 약 10%의 산모는 여전히 통증을 느끼고, 3% 정도는 아예 마취 효과가 나타나지 않을 수도 있다고 하더라. 아마 엄마도 그중 하나였던 모양이야.

엄마가 서윤이를 출산하면서 고통을 느꼈던 것처럼, 살다 보면 때때로 견디기 힘든 고통을 만날 때가 있어.
그리고 누구나 고통스러운 과정을 앞두고 조금이라도 고통을 덜 느끼는 방법을 선택하고 싶어하지. 엄마가 경막외 마취를 통한 무통

분만을 선택했던 것과, 서윤이가 치과 치료를 받으면서 아프지 않기 위해 마취를 했던 것 모두 같은 종류의 선택이야. 이렇게 엄마는 서윤이가 그런 고통을 되도록 겪지 않기를 바라지만, 때로는 서윤이가 직접 겪어야만 하는 일들도 있을 거야. 수술이나 출산 같은 신체적인 고통을 겪기도 하지만, 때론 견딜 수 없이 마음을 아프게 하는 고통을 겪을 수 있지. 서윤이도 친구가 서윤이 마음을 몰라줄 때, 좋아하던 오리 인형을 잃어버렸을 때 마음이 많이 아팠던 경험이 있지? 아픈 신체 부위의 고통은 마취제로 덜 수 있지만 안타깝게도 마음에는 그런 마취제가 없지.

이렇게 딱히 해결방법이 없는 문제를 만나 서윤이가 마음 아파할 때 엄마는 서윤이를 밖으로 데리고 나가 놀이터에서 같이 그네를 타거나 시원한 아이스크림 같은 걸 사주고는 하지. 이렇게 엄마와 함께 밖으로 나가 잠시 시원함을 느끼고 나서 한결 마음이 괜찮아졌던 적이 있지? 방 안에서 끙끙거리기보다 이렇게 잠시 다른 곳으로 생각을 돌리면서 시간이 지나가기를 기다리는 건 아픈 마음을 다스리는 좋은 방법 중 하나야. 서윤이 역시 가끔 어려운 일이 있을 때 이렇게 생각과 감각을 잠시 다른 곳으로 돌려보는 방법을 써보렴. 엄마가 오늘 이야기한 마취제를 기억하면서 말이야. 그리고 그런 어려운 시간을 지혜롭게 잘 보내고 다시 일상으로 돌아오면, 한결 단단하고 성숙해진 서윤이가 될 수 있을 거야.

참고자료

1) 머니투데이 기사, 2012.4.16., '출산·절단…인간이 느끼는 고통 1위는?'.
2) 사이언스타임즈, 2020.7.14., 통증을 완화해 주는 무통 분만의 역사
3) 약학정보원 약물백과, 국소마취제

13

아기에게 젖을 그만 줘야 할 때, 단유약

한 계단 성장을 위해 우리가 한 일

몇 년 전 인기 있었던 〈산후조리원〉이란 드라마가 있었어. 산후조리원은 출산 후에 엄마와 아기가 2~3주간 머물면서 잘 회복할 수 있도록 전문가들의 도움을 받는 곳이야. 드라마에는 유능한 커리어우먼인 주인공이 마흔 살이 넘어 첫아기를 출산하고 겪는 다양한 에피소드가 나와. 기억에 가장 남는 건 주인공이 아기에게 줄 모유를 미리 짜서 보관하기 위해 유축하는 장면이었어. 드라마 속의 산후조리원에서는 유축한 젖 양이 많을수록 능력 있는(?) 산모로 여겨지거든. 사람마다 모유 양이 다른 데다 출산하기 전까지는 자신의 모유 생산 능력(?)을 알 수 없는데도 말이야. 그전까지 겪어보지 못한, 완전히 딴 세상인 산후조리원 풍경에 주인공은 매

우 당황하지.

 엄마도 그 드라마를 보면서 공감했던 점이 많았어. 그중 하나는, 모유 수유가 생각보다 어려운 일이라는 거였어. 직접 해보지 않으면 모를 힘든 점이 정말 많더라고. 모유 수유를 하려면 먼저 아기가 잘 빨 수 있게 적당한 각도를 잡아줘야 하는데 그 각도를 유지하면서 아기 머리를 받치고 있는 게 생각보다 쉽지 않았단다. 그래서 젖을 줄 때마다 매번 손목과 허리, 어깨가 아팠지. 게다가 '젖몸살'도 가끔 찾아왔어. 젖몸살은 젖을 비우고 나서 채워지는 주기를 놓치거나 젖이 몸 밖으로 원활히 나가지 못했을 때 젖이 금세 가득 차서 가슴이 딱딱해지고 아프면서 열이 나는 증상이야. 젖몸살이 찾아오면 가슴에 불덩이를 얹은 것처럼 고통스럽지.

 그 와중에 한 가지 다행이었던 건, 서윤이를 온전히 키울 수 있을 만큼 엄마 젖이 잘 나왔다는 거였어. 힘든 모유 수유 과정에서 모유 양마저 부족하면 더욱 힘들었을텐데 그나마 다행이었지. 두어 달이 지나니 어느덧 익숙해져서 엄마와 서윤이 둘 다 편한 자세를 찾을 수 있게 됐어. 젖 먹는 주기와 양도 일정해졌지. 그제야 젖을 먹고 잘 크는 아기 서윤이가 귀엽고 신기했어. 아기가 먹는 음식을 엄마가 직접 만들어낼 수 있다는 게 놀라웠단다. 그러다 문득 '맞다, 나 포유동물이었지.'라며 새삼스레 깨닫기도 했지. 아기를 낳고 젖을 먹이며 비로소 엄마의 원초적인 정체성을 되새기게 되었지.

이렇게 모유 수유는 평소에는 겪을 일이 없지만, 아기를 낳아 키우는 동안에만 할 수 있는 어렵고 신기하고 대단한 일이지. 서윤이는 그렇게 6개월 동안 엄마 젖을 먹으며 무럭무럭 자랐단다.

아기의 탄생에 맞춰 변화하는 엄마의 몸

이번엔 엄마가 모유 수유와 관련된 약을 이야기해보려고 해. 약에 대해 이야기하기 전에, 먼저 젖이 몸속에서 어떻게 만들어지는지 간단히 설명해볼게. 젖 만들 준비는 아기가 엄마 뱃속에 있을 때부터 시작된단다. 임신 중에 엄마와 아기를 연결해주는 장치인 태반에서 에스트로겐과 프로게스테론이라는 호르몬이 나오는데, 이들의 임무는 임신이 잘 유지될 수 있게 하는 것, 그리고 젖 만들 준비를 하는 것이란다. 평소엔 전혀 쓸 일 없는 '모유 공장'이지만, 출산 후에는 아기를 키우기 위해 쉬지 않고 가동해야 하니 미리 공장을 크고 튼튼하게 짓고, 만들어진 모유가 원활히 나오도록 길도 닦아놓지. 이렇게 밑준비를 철저히 하는 와중에, 임신 중엔 젖이 만들어지거나 나오지는 못하게 막고 있기도 해. 아기가 나온 이후부터 젖을 잘 줄 수 있게 준비하는 거야.

그러다 마침내 때가 되어 아기가 태어나면 엄마 몸은 이제 아기를 잘 키우기 위한 시스템으로 급히 바뀌지. 그간 열일했던 에스트로겐과 프로게스테론은 빠르게 퇴장하고, '프로락틴'이라는 호르몬이 나와서 일하기 시작해. 그러면 비로소 모유 공장이 가동을 시작해. 만들어진 젖은 '옥시토신'이라는 호르몬의 지휘 아래 몸 밖으로 나오게 된단다. 뇌의 가운데 위치한 '뇌하수체'라는 작은 기관에서 이 두 호르몬이 만들어져 나오는데, 특히 아기가 엄마 젖을 빠는 자극을 받았을 때 잘 나와. 아기가 배고파서 젖을 빨면, 엄마 몸은 그 신호를 받아 프로락틴과 옥시토신이 더 나오고, 젖을 더 많이 만들어서 내보낸단다. 신호를 많이 받을수록 젖을 더 많이 만들어내는 시스템이지.

반면 '도파민'이라는 호르몬은 반대로 아기를 낳으면 엄마 몸속에서 줄어들게 돼. 원래 도파민은 뇌하수체에서 프로락틴이 나오지 못하게 막는 일을 하거든. 프로락틴은 모유 공장을 활발하게 가동시키는데, 프로락틴이 못 나오면 모유도 못 만들겠지? 출산 후에는 호르몬 농도가 많이 바뀌는데, 그중 도파민 농도가 낮아지는 것도 모유 수유를 하는 데 중요한 영향을 주지. 프로락틴이 못 나오게 막고 있던 도파민이 힘을 못 쓰니, 출산 후에는 프로락틴이 맘 놓고 모유 만드는 일을 할 수 있는 거야.

이렇게 엄마 몸에서는 나름대로 아기를 먹여 키우기 위한 만반의 준비를 갖춘단다. 하지만 여러 이유로 더 이상 모유를 주지 않을 수도 있어. 엄마가 직장에 나가 일을 해야 하거나, 병이 있어 약을 복용해야 하거나, 모유가 충분하지 않거나 하는 경우지. 꼭 모유가 아니어도 분유나 이유식처럼 아기에게 필요한 영양을 충분히 줄 수 있는 다른 방법이 있거든. 문제는 모유를 주다가 그만두는 시기에 엄마와 아기가 여러 어려움을 겪을 수 있다는 거야. 엄마 몸은 이미 아기가 매일 먹는 양만큼 모유를 만들어내는 데 익숙해져 있거든. 호르몬들은 계속 열심히 젖을 만들 태세를 갖추고 있어. 아기도 늘 엄마가 주던 맛있는 맘마가 영문도 모른 채 다른 것으로 바뀌니 스트레스를 받게 되지.

그래서 모유 수유를 그만두겠다고 결정했다고 해서 젖을 단숨에 끊을 수는 없어. 아기가 엄마 젖이 아닌 새 맘마에 적응할 시간을 주고, 엄마 몸도 더 이상 수유하지 않는 데 적응하도록 시간을 두고 천천히 젖을 '말려야' 해. 한 달 정도 시간을 두고 젖 말리기 프로젝트에 돌입해야 하지. 모유 주는 횟수를 조금씩 줄이면서 분유나 이유식 양을 서서히 늘려가는 거야. 하지만 이게 말처럼 쉽지 않아. 엄마는 그간 몸 밖으로 잘 나가던 젖이 더이상 나가지 못하고 계속 들어차기만 하니 가슴에 불덩이를 얹은 느낌이 들면서 매우 고통스럽지. 게다가 아기는 계속 젖냄새 나는 엄마 품을 파고들면서 울거든. 엄마와 아기 둘 다 눈물 나게 힘든 과정이야.

젖을 끊기가 너무 힘들면 약의 도움을 받을 수 있어. 젖을 끊는 약, 즉 '단유약'은 도파민이 프로락틴 분비를 막아서 젖이 더 이상 나오지 않게 해주는 약이야. 도파민은 아니지만 도파민처럼 일하는 성분(도파민 효능제)을 복용하는 거지. '브로모크립틴'과 '카베르골린'이라는 두 성분이 대표적이야. 사실 이 약들은 원래 젖을 끊는 용도로 개발된 건 아니야. 도파민이 부족해 생기는 여러 질병을 치료하기 위해 만들어진 약이지. 특히 뇌하수체에 종양이 있어서 프로락틴이 정상보다 많이 나오는 질환(고프로락틴혈증) 치료에 주로 사용된단다. 이 약들이 젖을 끊을 때 사용되는 이유는, 몸속에서 도파민처럼 일해서 프로락틴 분비를 막고, 그 결과로 젖이 더 이상 만들어지지 않게 하기 때문이야.

그럼 이 약들에 대해 좀더 이야기해볼까? 먼저 브로모크립틴은 도파민처럼 작용해서 프로락틴 분비를 억제해 젖이 덜 나오게 해주는 약이야. 수십 년 동안 '젖 말리는 약'으로 알려져 왔어. 그런데 이 약은 뇌, 심장, 혈관 등에 부작용이 있다고 알려져 있기도 해. 그래서 고혈압 같은 심혈관계 질환이 있는 사람이라면 복용에 주의해야 하지. 고혈압이 없더라도 복용 후에 어지러움, 두통, 구토감을 느끼는 경우가 많아서, 적은 양부터 시작해 서서히 늘려가는 방법으로 복용해야 한단다.

그리고 카베르골린 역시 도파민 효능제란다. 프로락틴이 나오지 못하게 해서 젖 만드는 걸 막지. 브로모크립틴보다 나중에 개발된 약이고, 어지럼증이나 구토 같은 부작용이 더 적은 걸로 알려져 있단다. 카베르골린은 브로모크립틴보다 적은 양을 복용해도 약효가 나타나고, 몸에서 오래 머무르면서 약효를 낸다는 특징이 있어. 약을 복용하고 난 후에 최소 한 달까지 몸에 남아 있을 수 있어서 주의해야 한단다. 특히 이 기간에 다시 아기를 임신하지 않도록 해야 해. 약이 뱃속의 아기가 자라는 데 안 좋은 영향을 줄 수 있기 때문이지.

성장, 엄마와의 연결고리를 하나씩 끊는 독립의 과정

젖을 끊을 때는 이렇게 약의 도움을 받아 어려움을 덜 수 있단다. 엄마도 서윤이가 태어난 지 6개월이 되던 때에 젖을 끊었던 경험이 있지. 대학원생이었던 엄마가 논문을 쓰기 위해 실험하러 학교에 다시 가야 했기 때문이었어. 엄마가 학교에 가 있는 동안 젖을 주지 못하는 데다, 혹시 실험하며 엄마가 들이마시거나 몸에 묻은 화학 물질이 모유를 통해 서윤이한테 갈까봐 조심하느라 그랬지. 갑자기 맘마가 바뀌는 바람에 서윤이는 며칠 울었지만, 곧 분유와 이유식에 잘 적응했단다. 엄마도 젖을 끊을 때 단유약을 처방받아 복용했고, 동시에 마사지를 받는 등 여러 방법으로 도움을 받았지.

'젖 끊기'는 서윤이와 엄마 사이의 연결고리를 하나하나 끊는 과정 중 하나였지. 서윤이와 엄마는 처음엔 한 몸이었지만 태어나며 탯줄을 끊는 것부터 시작해, 젖 끊기, 배변 가리기, 혼자 밥 먹기 등 하나씩 서윤이가 스스로 할 수 있는 게 늘어났단다. 서윤이가 크면서 엄마와 아빠의 돌봄에서 조금씩 벗어나는 과정이었지. 그 과정에서 실수나 어려움이 있기도 하지만 서윤이가 그 고리를 잘 끊으면서 커가도록 돕는 게 엄마, 아빠가 해야 할 일이고 말이야.

이렇게 엄마와 서윤이 사이를 연결했던 고리가 하나씩 끊어지면 서윤이와 엄마 사이가 그만큼 멀어진다는 것일까? 음, 엄만 그렇게 생각하지 않아. 우리 사이의 '보이지 않는 공간'이 점점 넓어지면, 그 공간을 우리만의 기억과 이야기로 더 많이 채울 수 있을 테니까. 그리고 우리는 그걸 서로 나눌 수 있는 둘도 없는 사이가 되는 거지. 엄마는 앞으로 그렇게 우리의 공간에 함께 쌓을 이야기가 점점 더 많아질 게 기대되는구나.

참고자료

1) 남양아이, 엄마도 아이도 스트레스 없이~ 똑똑한 '모유 끊기'
2) 약사공론, 2022.4.14., 불가피하게 모유 수유를 끊어야 할 때 '카버락틴정'
3) 의약품안전나라, 의약품 등 정보 검색, 팔로델정 / 카버락틴정
4) Wikipedia, bromocriptine / caberlactine

14

여성호르몬을 조절할 때, 경구피임약

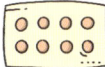

우리 몸에도 때로는 하얀 거짓말이 필요해

수개월 전, 한동안 너는 잠들기 직전에 대답하기 좀 곤란한 질문을 하곤 했어.

"엄마, 사람은 다 죽어? 그럼 엄마 아빠도 언젠가 다 죽어?"

그 질문을 할 때마다 눈물이 그렁그렁했지. 엄마는 잠시 어떻게 대답해야 할지 고민했는데, 아빠가 먼저 대답했어.

"그렇긴 한데, 그건 아주아주 나중 일이라 지금 걱정 안 해도 돼. 그리고 있잖아, 나중에 서윤이가 크면 '죽지 않는 약'도 개발될 걸? 그러니까 우리 조금만 기다려 보자!"

너는 그때부터 지금까지 죽지 않는 약의 시판을 오매불망 기다리고 있어. 음, 그런데 말이야. 엄마가 볼 때 죽지 않는 약은 앞으로도 개발될 가능성이 좀 낮아 보이는데 어쩌지. (차라리 '무병장수하는 약'이라면 모를까!) 조금 살벌하고 슬픈 진실을 말하자면, 우리는 언젠가 반드시 죽는단다. 엄마가 얼마 전 읽은 『이기적 유전자』라는 책에서는, 살아 있는 생물들은 모두 유전자를 후대에 전달하기 위한 '도구'라고 말해.

책에 따르면 엄마가 아빠와 만나 결혼해서 서윤이를 낳은 것도 서윤이를 통해 엄마 유전자가 다음 세대로 전달되게 하기 위한 유전자의 미션이었지. 유전자 입장에선 엄마나 아빠가 오래 사는 것보다도, 서윤이가 잘 커서 서윤이에게 전달된 각자의 유전자를 보존하는 게 더 중요해. 서윤이의 자손들에게 잘 전달될 수 있도록 말이지. 하지만 엄마는 이런 비정한 진실(?)을 잠들기 직전 눈물이 그렁그렁한 네게 말해줄 순 없었어. 그래서 아빠가 말한 죽지 않는 약의 개발 가능성을 속으로 점치며 너를 그저 달랬지.

비록 지금은 죽음을 어렴풋이 상상하며 불안해서 울지만, 곧 서윤이도 커서 과학적인 진실을 알게 될 날이 오겠지. 그때가 되면 엄마랑 침대 맡에서 하는 대화도 줄어들려나? 그래도 서윤이가 엄마 곁에서 잠드는 것보다 더 중요한 사안(!)이 있다고 하면, 얼마든지 네 방으로 보내줘야지. 그런 날이 금방 올 것도 같네. 엄마가 앞서 생리 이야기하면서 말했듯이, 서윤이 몸에서도 곧 여성호르몬이 본격적으로 활약할 날이 올 테니까 말이야.

복잡미묘한 우리 몸 호르몬의 세계

　엄마가 생리 이야기를 하면서 호르몬에 대한 설명은 자세히 하지 않았지? 하지만 이번에는 여성 호르몬에 대해 좀 이야기해야 할 것 같아. 왜냐하면 이번에는 여성 호르몬을 조절하는 약에 대해 이야기할 거거든. 생물학적인 여성을 만드는 여성 호르몬은 에스트로겐과 프로게스테론 두 가지가 있는데, 모두 여성 생식기인 '난소'에서 분비된단다. 136쪽의 그림은 앞으로 과학 시간에 배우게 될 여성의 호르몬 주기 그래프란다.

　그래프의 빨간 선과 파란 선을 한 번 찾아봐. 에스트로겐과 프로게스테론이라고 이름 붙어 있지? 그리고 '배란'이라는 이름이 붙은 점선으로 그래프가 반으로 나뉘어 있지. 전체 주기는 28일인데, 배란, 그러니까 난자가 몸에서 배출되는 건 그 중간 시점인 14일째에 일어나. 배란을 전후로 '난포기'와 '황체기'로 시기가 나뉘는 걸 볼 수 있어. '난포'(또는 '여포')는 난자를 감싼 주머니인데, 이 난포가 성숙하면서 에스트로겐을 분비한단다. 점점 에스트로겐 분비가 많아지면서, 황체형성호르몬 농도가 높아지고 난자가 배출되지. ('황체'는 난포에서 난자가 빠져나가고 남은 빈 주머니 상태를 말해.)

　이 황체는 황체호르몬인 '프로게스테론'을 분비한단다. 프로게스테론은 자궁 내막을 두껍게 만들고 임신 상태를 유지시켜 주

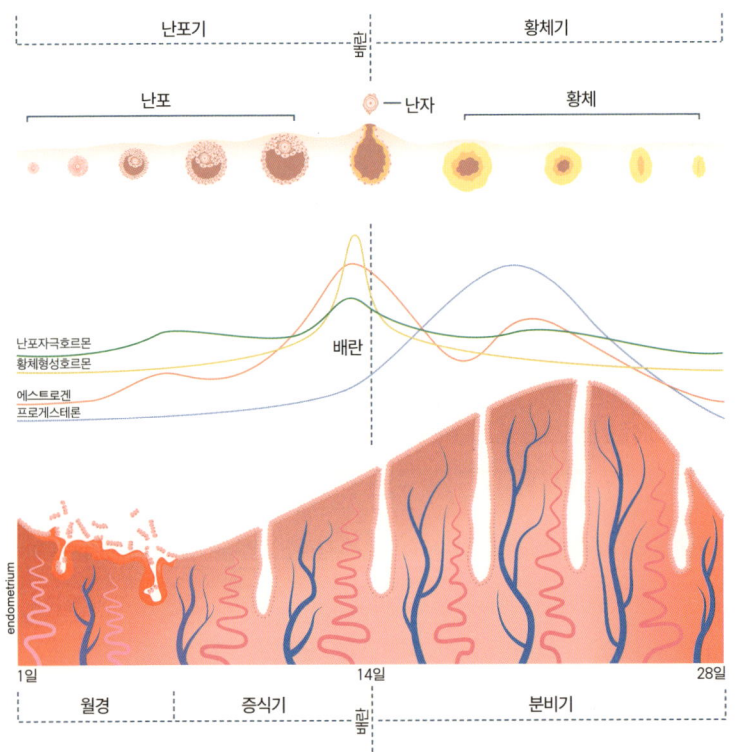

여성의 호르몬 주기와 자궁 내벽의 변화

는 일을 해. 이렇게 나온 난자가 며칠 기다렸는데도 정자를 만나지 못했다면? 공들였던 임신 준비는 수포로 돌아가는 거지. 그러면 황체는 쪼그라들어 기능을 잃고, 프로게스테론은 줄어들면서 두꺼웠던 자궁 내막도 허물어지게 된단다. 이게 바로 생리야. 그래프 아래쪽에는 자궁 내막의 상태가 시기별로 어떻게 변하는지 잘 나와 있지.

그런데 때마침 정자가 몸에 들어와 난자와 만나 수정란이 만들어지고 자궁에 자리도 잡았다면? 그게 바로 임신이지! 임신한 몸에서는 태반에서 에스트로겐과 프로게스테론 등 많은 호르몬이 나오고, 임신이 유지되도록 온 힘을 다한단다. 그래서 몸속의 프로게스테론과 에스트로겐 농도가 높은 상태로 유지되지.

엄마가 이번에 설명하려는 건, 임신했을 때 나오는 호르몬의 원리를 이용해 만든 약이야. 임신을 막아주는 용도로 많이 쓰기 때문에 보통 '피임약'이라고 부르지. 피임약이 임신을 막아주는 원리는 간단해. 임신 때 나오는 호르몬과 비슷한 성분이 몸에서 계속 돌아다니게 해서 몸이 임신한 줄로 착각하게 만드는 거야. 그러면 난자가 배출되지 않고 더불어 생리도 하지 않아. 호르몬에 많은 임무를 맡기고 있는 우리 몸에 일종의 '하얀 거짓말'을 하는 셈이지.

피임약은 임신을 피하는 효과뿐만 아니라, 여성호르몬과 관련된 다른 질병을 치료하는 용도로 사용한단다. 여드름 치료, 다낭성난소증후군, 생리불순, 생리과다, 생리전증후군, 그리고 생리통 같은 증상에 쓰지. 하는 일이 이렇게 다양하니, 엄마는 '피임약'보다는 '여성 호르몬약'이라고 부르는 게 더 정확하다고 생각해.

피임약은 보통 먹는 알약이기 때문에 '경구피임약'이라고도 불러. 지금 쓰이는 경구피임약은 대부분 에스트로겐과 프로게스테론 두 성분의 복합제야. 초기에 나왔던 1세대 피임약은 에스트로겐만 많은 양을 함유했었는데, 혈전과 부정 출혈 같은 부작용이 심각해서 지금은 사용하지 않아. 지금 사용하는 2세대부터 4세대 피임약은 각각 에스트로겐 함량과 프로게스테론 종류로 구분할 수 있어. 모두 합성 에스트로겐인 '에티닐에스트라디올' 성분을 포함하고, 프로게스테론을 어떤 종류로 함유하냐에 따라 세대를 구분한단다.

경구피임약의 종류

세대	에스트로겐 함량	프로게스테론 함량	부작용	구분
2세대	에티닐에스트라디올 0.02mg	레보노르게스트렐 0.1mg	여드름, 다모증, 체중 증가, 식욕 증가	약국에서 직접 살 수 있음 (일반의약품)
	에티닐에스트라디올 0.02mg	레보노르게스트렐 0.15mg		
3세대	에티닐에스트라디올 0.02mg	게스토덴 0.075mg	혈전 발생	
	에티닐에스트라디올 0.03mg			
	에티닐에스트라디올 0.02mg	데소게스트렐 0.15mg		
4세대	에티닐에스트라디올 0.02mg	드로스피레논 3mg	혈전 발생 위험 높음	처방 받아 살 수 있음 (전문의약품)

먼저 2세대 피임약에 대해 이야기해볼게. 이 피임약에는 합성 에스트로겐인 에티닐에스트라디올과 '레보노르게스트렐'이라는 프로게스테론 성분이 들어 있지. 이 레보노르게스트렐 성분은 남성호르몬인 '안드로겐'과 화학적인 구조가 비슷하다는 특징이 있단다. 그래서 몸에 여드름이 나고, 털이 많이 나고, 몸무게가 늘어나는 부작용이 있다는 단점이 있어.

3세대 피임약은 2세대 피임약의 부작용을 줄여서 나온 약이야. 3세대 피임약에는 레보노르게스트렐 대신 '게스토덴'이나 '데소게스트렐' 성분이 들어 있지. 그래서 2세대 피임약의 부작용이 많이 개선됐어. 대신 3세대 피임약은 혈전(혈관 안에서 피가 뭉쳐 굳는 현상)이 생길 수 있다는 단점이 있단다. 혈전이 생겨 혈관을 막으면 조직과 장기로 피가 원활히 흐르지 않아 심각한 문제가 생길 수 있어.

4세대 피임약은 에티닐에스트라디올과 함께 '드로스피레논'이라는 성분이 들어 있어. 4세대 피임약 역시 2세대 피임약 같은 남성호르몬 관련 부작용은 적단다. 하지만 혈전 발생 위험은 더 높다는 단점이 있어. 특히 35세 이상이면서 담배를 피우는 여성은 혈전이 발생할 위험이 훨씬 높아서, 4세대 피임약 복용을 아예 피해야 한단다. 2세대와 3세대 피임약은 약국에서 직접 살 수 있는 반면, 4세대 피임약은 병원에서 처방을 받아야만 구할 수 있지.

이렇게 부작용만 따져 봐도 도대체 뭐가 더 좋은 피임약인지 알기가 어렵지 않니? 맞아. 세대가 뒤로 간다고 해서 꼭 더 개선된

제품인 건 아니야. 오히려 '용도'를 구분한다고 보면 맞아. 필요한 용도에 맞게 피임약을 구입하기 위해서는 약사 또는 의사와 상의해야 하지. 특히 심혈관계 질환이 발생할 위험이 높다거나, 이미 갖고 있는 병이 있다거나, 특정 질환에 대한 가족력이 있다면 복용하기 전에 꼭 상담해야 해. 그리고 다른 약들과 같이 복용하는 경우에도 피임약 효과에 영향을 줄 수 있으니 상담할 때 꼭 말해야 한단다.

하루하루 성장해가는 너의 모습을 지켜보며

서윤이는 아직 어려서 잘 모르지만, 좀 더 크면 여성호르몬이 얼마나 몸에 많은 영향을 미치는지 알게 될 거야. 호르몬이 만들어내는 28일 주기 동안 몸과 마음의 변화가 무척 크거든. 그래서 살다 보면 피임약의 도움을 받아 호르몬을 조절해야 할 수도 있을 거야. 적은 양으로 몸 이곳저곳을 조절하는 호르몬을 용도에 맞게 잘 사용한다면 호르몬 주기를 서윤이에게 맞게 조절하거나 몸의 여러 불편함을 개선할 수 있단다. 다만 부작용이 있을 수 있다는 건 늘 기억해야 하지.

아직은 어린이다운 서윤이 몸이지만 하루하루 조금씩 커가며 달라지는 게 보이는구나. 곧 여성의 신체적 특징을 갖추기 시작하고 정신적으로는 질풍노도의 시기를 겪으며 가끔은 흑역사도 만들어가면서, 너만의 세계를 점점 키워가겠지. 그리고 금세 생물학적으로 성숙한 여성의 몸으로 변할 거야. 그러면 지금처럼 엄마와 마음껏 몸을 맞대고 부비지 못할 수도 있겠지. 엄마로선 좀 아쉬운 일이기도 해.

그리고 그때가 되면, 네가 엄마에게 했던 '죽음'에 대한 질문의 답을 스스로 찾을 수 있을 거야. 혹시 엄마와 아빠가 네게 말했던 '죽지 않는 약'이 하얀 거짓말이었다는 것도 알아채려나? 그렇다면 그 대답이 마치 오늘 얘기한 경구피임약 같았다고 생각하렴. 피임약은 호르몬 때문에 겪는 우리 몸의 변화를 잠시 멈춰 둘 수 있도록 하얀 거짓말을 해서 그 사이 우리가 다른 중요한 일에 집중할 수 있도록 해주잖니. 서윤이가 밤마다 슬픈 생각으로 잠들지 않을 수 있도록 엄마와 아빠도 서윤이의 걱정을 잠시 덜어주기 위해 하얀 거짓말을 했던 거였어. 서윤이가 좀 더 커서 아는 게 많아지고 생각이 넓어지면, 그땐 엄마와 아빠의 하얀 거짓말도 이해받을 수 있으면 좋겠다.

참고자료

1) 약, 알고 먹는 거니?, 최서연(소담출판사)
2) 오늘도 약을 먹었습니다, 박한슬(북트리거)
3) 대한산부인과의사회, 피임·생리 이야기
4) 약사공론, 2022.11.12., 2-3-4세대 경구피임약 선택 가이드가 궁금하다

함께 나이 들어가는 너에게

15

뼈를 지켜야 할 때, 골다공증약

나를 지탱해주는 것의 소중함

서윤아, 다섯 살 때 때 대전 국립중앙과학관에서 본 공룡 뼈 화석 기억나? 엄청나게 큰 티라노사우루스 턱뼈와 뿔 세 개 달린 트리케라톱스 화석이 전시돼 있었지. 그림책으로만 보다가 실제로 공룡 뼈를 직접 느낌이 사뭇 달랐어. 생각했던 것보다 훨씬 더 커서 깜짝 놀랐지. 공룡마다 뼈의 특징이 다 달라서, 어떤 공룡은 이가 아주 날카롭고 머리가 큰가 하면 어떤 공룡은 머리뼈가 단단한 볼링공 같은 모양이었어. 그리고 뼈 화석을 보면서 그 공룡이 어떻게 살았을지 힌트를 얻을 수 있었지. 공룡 몸의 뼈는 공룡이 먹이를 뜯어먹거나, 빠르게 달리거나, 적으로부터 제 몸을 지킬 수 있는 신체적 특징을 만들어줬을 거야.

우리 몸속에도 단단한 뼈가 있다는 건 서윤이도 알고 있지? 뼈가 하는 일은 생각보다 다양하단다. 그중 가장 중요한 건 우리 몸의 여러 장기를 보호하는 일이야. 특히 뇌, 심장, 폐처럼 생명을 유지하는 데 꼭 필요한 장기를 바깥에서 오는 충격으로부터 지켜주지. 어쩌다 머리나 가슴에 공을 맞아도 생명에 지장이 없는 이유야. 그리고 뼈는 근육과 함께 몸을 떠받치는 일도 해. 서 있거나 움직일 때 뼈와 근육이 협력해야만 원하는 자세를 제대로 잡을 수 있지.

또 뼈는 피를 만들기도 한단다. 뼈의 겉은 단단하지만 안쪽은 말랑말랑하거든. 이 말랑말랑한 안쪽 부분을 골수라고 하는데, 여기서 피를 이루는 적혈구, 백혈구, 혈소판을 만들어낸단다. 그리고 뼈는 대부분 '칼슘' 성분으로 이루어져 있어서, 칼슘을 쌓아놓는 창고 역할도 해. 우리 몸에 칼슘이 부족하면 뼈에서 칼슘을 내놓기도 하고, 칼슘이 남아 돌면 다시 뼈에서 칼슘을 흡수해 저장하지.

단단한 줄만 알았던 뼈의 여러 가지 모습

뼈는 계속해서 조금씩 변한단다. 새로운 뼈가 만들어지고, 오래된 뼈는 사라지는 식으로 말이야. 1년에 약 10%씩 교체돼서 10년이 지나면 모두 새로운 뼈로 바뀐단다. 뼈가 바뀌는 건 나이에 따라 달라. 서윤이처럼 한창 크는 어린이들은 새로운 뼈가 활발히 만들어지면서 뼈가 더 커지고, 길어지고, 무거워지는 쪽으로 변해. 그래야 몸이 성장할 테니까. 다 커서 어른이 되면 뼈가 더 자라지는 않지만 뼈가 없어지고 만들어지는 비율이 비슷해 균형을 이루지. 뼈는 계속 변하지만 몸은 더 자라지 않는 거야. 더 나이가 들어 노인이 되면, 뼈가 만들어지는 것보다 없어지는 양이 더 많단다. 단단했던 뼈가 점점 얇아지거나 엉성해지기 쉽지.

뼈를 만들고 없애는 건 두 가지 세포의 일이야. 이 두 세포의 이름은 각각 '조골세포'(造骨細胞, osteoblast)와 '파골세포'(破骨細胞, osteoclast)란다. 이름을 보고 세포의 역할을 짐작할 수 있겠니? 조골세포는 '뼈를 만드는 세포'라서 뼈를 새로 짓는 일을 하고, 파골세포는 '뼈를 파괴하는 세포'라서 뼈를 녹여 없애는 일을 해. 뼈 표면이나 내부에서 이 두 세포가 함께 활동하면서 뼈를 끊임없이 만들고 부수고 하면서 변화시키고 있지. 그리고 이 세포들을 조종하는 건 호르몬을 비롯한 몸속 화학물질들의 일이란다. 성호르몬, 부갑상선호르몬, 갑상선호르몬, 비타민D, 그리고 사이토카인(cytokine) 같은 단백질이 뼈를 만들고 분해하는 과정을 조절한다고 알려져 있어.

우리 몸을 떠받치기 위해 단단하고 치밀해야 하는 뼈지만, 이 뼈가 줄어들고 얇아지는 병이 있어. '골다공증'(骨多孔症, 뼈에 구멍이 많은 증상)이라는 병이야. 뼈의 양이 줄어들고 구조에 이상이 생겨서 부러지기 쉬운 상태가 되는 병이지. 골다공증은 초기에는

정상　　　　　　　　　　　　골다공증

특별한 증상이 없지만 병이 점점 진행되면 척추뼈가 약해지고 굽어져서 키가 줄어든단다. 무엇보다 골다공증 환자는 정상인보다 뼈가 부러질 위험이 3배 높고, 이로 인해 사망할 확률이 8배나 높아. 특히 고관절(골반과 다리뼈를 이어주는 관절)이 부러지면 가만히 서 있기조차 힘들어서 오랫동안 누워 지내야 하는데, 이때 각종 합병증을 불러올 수 있어서 위험하지.

　골다공증은 왜 생길까? 가장 큰 원인은 50세 전후로 생리가 완전히 끝나는 '완경' 때문이야. 완경 전에는 여성호르몬인 에스트로겐이 파골세포는 억제하고 조골세포는 활성화시켜서 뼈를 단단하게 유지되도록 하지. 그런데 완경 이후에는 에스트로겐이 감소하면서 매우 빠른 속도로 뼈의 양도 줄어든단다. 50대 이후 갱년기 여성의 60%에서 골다공증이 발생해. 절반이 넘는 여성에게서 골다공증이 발생한다니, 꽤 높은 비율이지. 나이 들어가면서 골다공증을 예방하기 위해 적극적으로 노력해야 하는 이유야. 골다공증에 걸리는 다른 원인들도 있는데, 예를 들면 칼슘 흡수 장애, 비타민D 부족, 의약품 부작용(항응고제, 갑상선호르몬, 부신피질호르몬 같은 의약품을 복용해서 나타나는 부작용), 운동 부족, 과음 등이 있단다.

골다공증을 치료하는 약은 크게 두 종류가 있어. 뼈가 과도하게 파괴되어 몸으로 흡수되는 것을 막는 약(골흡수억제제), 그리고 뼈를 새로 만들도록 촉진하는 약(골형성촉진제)이지. 두 종류 모두 우리 몸에서 뼈를 만들거나 없애는 원리를 이용해 만든 약이란다. 먼저 골흡수억제제는 크게 세 종류가 있어. 비스포스포네이트 제제, RANKL(Receptor Activator of Nuclear Factor kappa B Ligand) 단일클론항체, 선택적 에스트로겐 수용체 조절제가 그것이지. (이름이 참 길고도 어렵지?) 그리고 골형성촉진제로는 테리파라타이드와 로모소주맙이 있지. 그럼 두 종류 골다공증 치료제에 대해 좀 더 얘기해볼까?

먼저 골흡수억제제 중에 비스포스포네이트 제제에 대해 말해볼게. 이 약은 파골세포 안으로 들어가서 파골세포가 일하지 못하도록 강하게 막는 일을 해. 칼슘과 친한 화학구조를 가졌기 때문에 뼈에 잘 붙고 약효가 오래 이어진단다. 전체 골다공증 치료제 중에서 80% 이상 쓰일 정도로 가장 많이 사용되는 약이기도 해. 비스포스포네이트 제제는 먹는 약과 주사제 두 가지가 있어. 먹는 약은 식도와 위장 점막을 손상시킬 수 있어서 밥먹기 전에 복용해야 해. 먹는 약을 복용했을 때 위장장애가 너무 심하면 주사제를

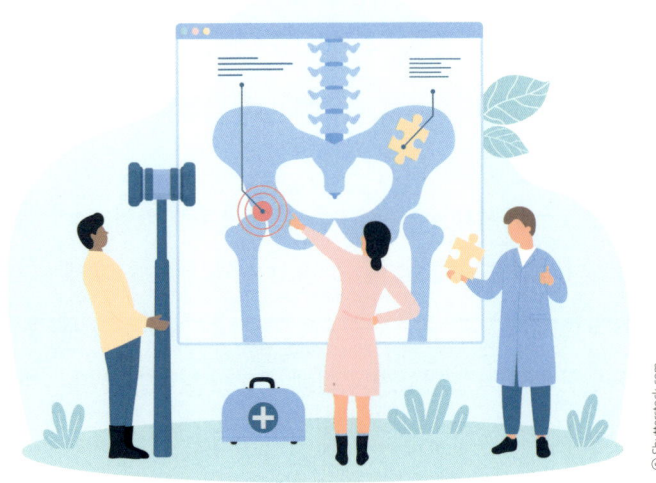

쓰기도 한단다. 3개월에서 1년에 한 번 맞는 주사지. 특히 고혈압 약, 당뇨병약 등 다른 약을 많이 복용하는 어르신 환자들이 쓰기 유용한 약이야.

　다른 골흡수억제제로는 'RANKL 단일클론항체'가 있어. ('RANKL'은 파골세포가 일하도록 깨워주는 몸속 물질이야) 비스포스포네이트 제제처럼 골다공증을 처음 치료할 때 많이 쓰는 약이지. 이 약은 RANKL이 파골세포를 자극하지 못하도록 막는 일을 한단다. 파골세포가 일을 못하게 하니, 파골세포에 의해 뼈가 녹는 것을 막을 수 있겠지? 이 약은 파골세포를 깨우는 RANKL만 선택적으로 억제하기 때문에 뼈가 소멸되는 것을 효과적으로 막을 수 있어. 앞에서 비스포스포네이트 제제가 뼈에 강하게 결합해 몸속에서 약효를 오래 나타낸다고 했지? 하지만 이 약은 뼈에 강하게 결합하지 않아. 그래서 약을 끊으면 약효가 바로 사라지는 데다, 골다공증이 오히려 악화될 수 있어. 그래서 다른 약으로 바꿔서 치료를 계속해야 하지.

그리고 '선택적 에스트로겐 수용체 조절제'도 있어. 앞서 말했듯이 여성호르몬이 몸에 일정한 농도로 있어야 파골세포의 기능이 어느 정도 억제되지. 그런데 나이가 들어 몸속 여성호르몬 농도가 줄면, 파골세포의 기능을 억제하지 못해 뼈가 점점 약해지거든. 이때 여성호르몬은 아니지만 비슷하게 일하는 녀석들을 약으로 투여하는 거야. 이 약은 몸의 각 부분에서 다른 방식으로 일할 줄 안단다. 뼈에서는 에스트로겐처럼 일하지만 몸의 다른 부분에서는 에스트로겐과 반대로 일하는 식이지. 그래서 에스트로겐의 다른 부작용 없이 뼈를 지키는 용도로 쓸 수 있는 거란다.

골흡수억제제에 대해 얘기했으니, 이번에는 골형성촉진제에 대해 말해볼게. 골형성촉진제는 새로운 뼈를 활발히 만들도록 하는 약이야. 골흡수억제제로 많이 쓰이는 약은 테리파라타이드야. 이 약은 부갑상선호르몬의 구조 중에서 활성 부분만 약으로 만든 거야. 마치 추파춥스의 막대기는 잘라버리고 먹을 수 있는 사탕 부분만 남긴 것과 비슷하지. 이 약은 조골세포 숫자를 늘리고 조골세포들이 활발히 일하도록 자극한단다. 골절 위험이 높거나 비스포스포네이트를 투여해도 효과가 없는 환자에게 쓸 수 있는 약이야.

그리고 다른 골형성촉진제로는 '로모소주맙'이 있단다. 이 약은 조금 특별한 작용을 해. 뼈를 만드는 것뿐 아니라, 뼈를 녹이는 작용도 동시에 억제하는 '이중 효과'를 가졌지. 우리 몸에는 '스클레로스틴'이라는 단백질이 있는데, 이 단백질은 뼈가 너무 많이 생기지 않도록 조절하는 브레이크 같은 역할을 하거든. 로모소주맙은 이 브레이크 같은 단백질을 억제해서, 조골세포는 더 활발하게 하고 파골세포는 덜 일하게 만들어. 마치 욕조에 물을 채울 때 한 쪽에서는 물을 틀고, 다른 한 쪽에서는 배수구를 막는 것과 같지. 이 약은 골절 위험이 매우 높거나 다른 치료제로 효과를 보지 못한 환자에게 주로 사용해. 다만 심근경색이나 뇌졸중 같은 심혈관질환이 있는 경우에는 주의가 필요하단다.

서로가 서로의 든든한 지지대가 되었으면

골다공증을 치료하기 위해선 약을 잘 쓰는 것도 필요하지만 식사 습관도 중요하단다. 뼈를 만드는 데 칼슘과 비타민D가 중요하다는 건 학교에서 배웠지? 칼슘은 하루에 700~1000mg 섭취하는 것을 권장하는데, 50세 이상이라면 이보다 더 많은 1200mg을 섭취해야 해. 우유, 요구르트, 치즈 같은 유제품과 멸치나 미꾸라지처럼 뼈째 먹는 생선, 그리고 두부, 깨 미역 같은 음식에 칼슘이 많단다. 그리고 비타민D는 칼슘 흡수를 돕기 때문에 중요해. 비타민D는 연어, 고등어처럼 지방이 많은 생선에 많이 들어 있지. 그리고 잘 알려진 것처럼 비타민D는 햇볕을 쬐는 것으로 우리 몸에서 만들 수 있어. 매일 30분 이상 햇볕을 쬐는 것이 중요한데, 이게 어렵다면 하루 800IU의 비타민D를 따로 보충하는 것이 필요해.

이렇게 우리는 뼈가 몸에서 제 역할을 잘할 수 있도록 노력해야 한단다. 평소에 필요한 영양소를 충분히 섭취하고, 꾸준히 운동하며 단련하고, 골다공증으로 뼈가 약해졌다면 적절한 약을 써서 잘 돌봐야 하지.

그런데 우리에겐 몸속 뼈 말고도, 보이지 않는 또 하나의 뼈대가 있단다. 그게 뭘까? 바로 가족과 친구들처럼 우리를 지지해주는 사람들의 응원이야. 우리는 혼자서는 살 수 없고, 가까운 사람들과 서로 의지하고 마음을 나눌 때 비로소 건강하게 살아갈 수 있어. 이 보이지 않는 뼈대도 몸속 뼈처럼 잘 돌봐야 해. 방법은 어렵지 않아. 기본적인 예의를 지키고, 서윤이도 그들에게 따뜻한 지지와 격려를 전하는 걸 잊지 않으면 된단다.

살다 보면 삶의 무게가 유난히 무겁게 느껴지는 날이 있을 거야. 길을 잘못 든 것 같아 막막하거나, 나만 뒤처진 것 같아 외롭게 느껴지는 순간도 있겠지. 그런 날에도 서윤이 곁에는 눈에 보이지 않는 단단한 지지대가 있다는 걸 기억해줬으면 해. 하루가 끝나고 몸이 녹아내릴 듯 지쳐도, 뼈가 우리 몸을 단단히 받쳐주기 때문에 쓰러지지 않듯이 말이야.

이렇게 마음이 힘들고 지칠 땐 그 지지대에 기대보는 게 좋아.

서윤이가 마음을 열고 "나 오늘 좀 힘들었어" 하고 솔직하게 말하는 것만으로도 위로와 공감을 받을 수 있어. 그리고 다시 일어설 힘을 얻을 수 있지. 보이지 않는 뼈대를 믿고 기대는 것, 그것이 서윤이 마음을 더 단단하고 강하게 만들어줄 거란 걸 기억해주렴.

참고자료

1) 서울아산병원 질환백과, 골다공증
2) 중앙일보 헬스미디어, 2018.1.12., [약 이야기]골다공증 치료제가 뼈를 녹인다고요?
3) 팜뉴스, 2019.4.17., 골다공증치료제 '비스포스포네이트' A to Z
4) 약학정보원 약물백과, 골다공증약
5) 약사공론, 2020.1.9., 골다공증치료제의 A to Z를 이해하다

16

암에 걸렸을 때, 항암제

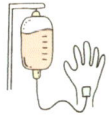

나이면서 내가 아닌 존재를 다스리는 법

서윤아, 책이나 방송에서 '암적인 존재'라는 말을 들어본 적 있지? 사회에 아무 도움이 되지 않고 피해만 주는 존재를 뜻하지. 흉악한 범죄를 저지르면서 좀처럼 뿌리뽑히지 않는 범죄 조직이 사회의 '암적인 존재'에 비유되곤 해. 우리 사회를 한 사람의 '몸'으로 보고 구성원 하나하나를 몸속 세포로 본다면, 선량한 시민은 정상세포로, 범죄자는 암세포로, 범죄 조직은 암세포가 모여 생긴 암 덩어리에 비유할 수 있어. 이런 암적인 존재가 없어야 사회가 건강하고 정상적으로 굴러갈 수 있지. 우리 몸에서 생겨나는 암도 마찬가지로 치료하고 제거해야 해. 암이 도대체 어떤 존재이길래 우리 몸에 해를 끼치는 걸까?

암세포는 세균이나 바이러스처럼 외부에서 들어온 게 아니야. 원래는 우리 몸의 정상세포였지. 정상세포가 어떤 이유로 인해 유전자 변이가 일어나면, 더 이상 예전처럼 다른 세포들과 협력하지 않게 돼. 그런 상태를 '암세포'가 됐다고 하지. 암세포는 자기 멋대로 증식하고 다른 세포와 조직에 피해를 준단다. 우리 몸 안의 정상세포가 변해서 암이 생기는 이유는 매우 다양해.

제멋대로 자라나는 암세포

정상세포가 암세포로 변하는 이유 중 대표적인 건 '발암물질'에 많이 노출되는 거야. 담배연기는 대표적인 발암물질이고, 과도한 음주로도 암에 걸릴 수 있다고 알려져 있어. 또 식이 습관이나 바이러스 감염, 그리고 유전적 요인에 의해서도 암에 걸릴 수 있지. 이런 원인에 의해서 세포가 정상적인 분열에 방해를 받으면 돌연변이 세포가 만들어진단다. 우리 몸은 이런 돌연변이를 자체적으로 없앨 수 있는 기능이 있어. 우리 몸 곳곳에서는 세포 분열이 왕성히 일어나는데, 천만 개에서 일억 개 중 하나는 돌연변이가 일어나. 하지만 이 정도 돌연변이는 몸에서 알아서 제거할 수 있지. 마치 거리에서 무단횡단을 하거나 쓰레기를 아무 데나 버리는 정도의 약한 범죄는 동네를 순찰하던 경찰이 즉시 잡아서 벌금을 물리는 정도로 끝나는 것처럼 말이지.

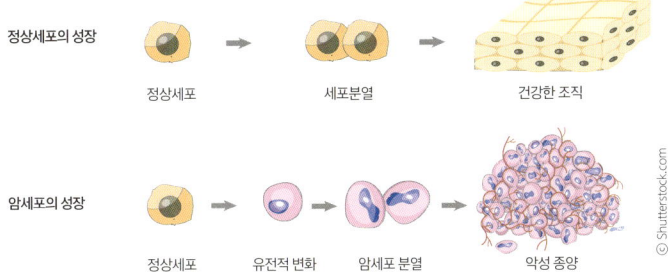

정상세포와 암세포의 성장

하지만 돌연변이가 계속 생겨서 우리 몸에서 감당할 수 없는 수준이 되면, 그때는 암세포가 모여 '암'으로 자랄 수 있어. 제멋대로 자라나는 암세포가 모여 조직적으로 암 덩어리를 이루면 본격적으로 몸에 피해를 주게 돼. 그러면 이제는 경찰 한두 명이 도저히 감당할 수 있는 수준이 아니게 되지.

암세포가 정상세포와 구분되는 두 가지 특징이 있어. 첫 번째는 '끈질기게 살아남는다'는 거야. 그래서 암세포를 '불멸의 세포'라고도 하지. 우리 몸의 정상세포들은 몸의 각 부분에서 쓰임에 맞게 분열하고, 필요한 순간이 되면 순순히 죽어 없어지는 게 특징이야. 하지만 암세포는 그렇지 않아. 우리 몸의 필요와는 상관없이 끝없이 분열하고, 영양분을 자기가 다 가져가. 마치 애니메이션 〈센과 치히로의 행방불명〉에 나오는 요괴 '가오나시'가 닥치는 대로 음식을 집어삼키면서 거대해지는 것처럼 암도 영양분을 흡수하며 몸집을 점점 키워가지. 심지어 영양분을 더 잘 빨아들이려고 길이 되는 혈관을 새로 만들기도 해. 암세포는 이렇게 몸집을 점점 키워나가다가, 때가 되면 다음 전략을 구사해. 이때 등장하는 암세포의 두 번째 특징은 다른 곳으로 퍼져 나간다는 거야. 암이 다른 곳으로 '전이'되는 거지. 이렇게 암세포는 우리 몸의 혈관이나 림프를 타고 돌아다니다가 한 곳에 정착하고 거기서 또 증식하기도 한단다. 원래 우리 몸의 세포는 살던 곳에서만 살 수 있고, 원래 살던 곳을 떠나면 그 세포는 더이상 살아남지 못해. 간세포는 간에서만 살고, 췌장세포는 췌장에만 사는 식이지. 그런데 암세포로 변한 세포는 어디에 붙어도 살아 남을 수 있거든. 그래서 이렇게 암이 여기저기 전이되면 상황은 더욱 심각해지지. 암이 기승을 부릴수록 우리 몸의 장기가 제대로 기능하지 못해. 자기가 속해 있는 몸이 더 살기가 힘들어지는데도 아랑곳하지 않고 제 욕심만 차리는 존재, 그게 암이야.

암을 무찌르는 무기를 소개할게

이렇게 우리 몸에서 조직적인 범죄를 저지르는 암은 반드시 없애고 치료해야 하지. 암을 치료하는 여러 가지 의학적인 방법이 있지만, 엄마는 암을 치료하기 위해 쓰는 약에 대해 말해볼게. 암을 치료하는 약을 '항암제'라고 하는데, 크게 세 종류로 나눌 수 있

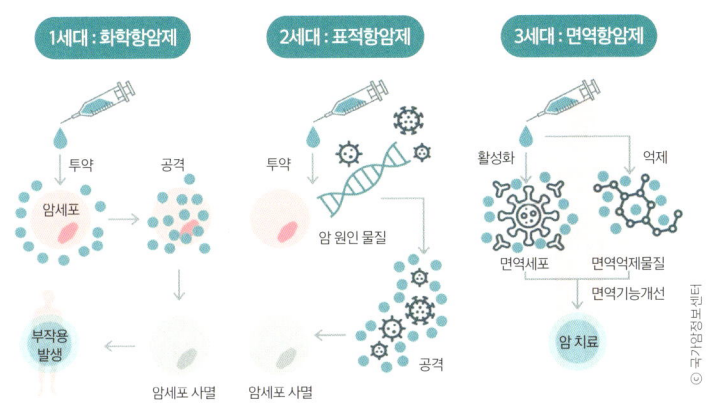

항암제 작용 원리 비교

어. 세포독성항암제, 표적치료제, 그리고 면역항암제야.

세 가지 항암제가 어떻게 다른지는 전쟁에 사용하는 '무기'에 빗대어 설명할 수 있어. 먼저 세포독성항암제는 마치 '원자폭탄' 같다고 볼 수 있지. 적을 무찌르기 위해 그 지역에 원자폭탄을 떨어뜨리면, 적도 완전히 죽이지만 그 지역에 살던 우리 편도 피해를 입게 돼. 원자폭탄처럼 암세포뿐 아니라 정상세포도 죽이는 것, 이게 세포독성항암제야. 세포독성항암제는 암세포가 분열하지 않도록 DNA 복제를 막거나 대사를 방해하지. 암세포가 살아남지 못하도록 하는 거야. 그런데 이 방법은 암세포만 죽이는 게 아니라 우리 몸의 세포도 죽인단다. 특히 분열 속도가 빠른 세포에 치명적이야. 이렇게 세포독성항암제는 암에 직접적인 효과를 내는 대신 많은 부작용을 겪을 수 있단다.

반면 표적항암제는 '스텔스 전투기'처럼 작동해. 스텔스 전투기는 적군의 탐지 수단에 들키지 않고 적이 있는 바로 그 위치만 공격하도록 만든 무기지. 이 방식은 암세포가 가진 특징을 알고 그 세포만 공격하는 표적항암제가 일하는 방식과도 같아. '표적'이라는 이름에서 알 수 있듯 암세포만 표적으로 해서 공격하지. 정상세포는 갖지 않지만 암세포만 갖고 있는 고유한 표적에 결합해서, 신호 전달에 관련된 효소를 방해하거나 혈관 생성에 필요한 요소를 차단하는 거지. 이러면 정상세포가 타격을 좀 덜 입겠지? 실제로 많은 암환자들이 표적항암제를 써서 큰 부작용을 겪지 않고 암이 완치되는 기적을 겪기도 했어. 그런데 표적항암제는 특정 유전자 변이를 가진, 그러니까 확실한 표적을 갖고 있는 암에만 쓸 수 있고, 암세포가 시간이 지나면 약에 적응해서 효과가 줄어드는 단점이 있단다.

마지막으로 면역항암제는 '특공대 조직'처럼 일해. 우리 몸을 지키는 면역세포를 변형시켜 암세포만 죽일 수 있도록 키우거나, 면역체계에서 쓰는 특수 무기를 만들어 공급하는 방법이지. 이렇게 우리 몸의 군대인 면역세포를 특수 훈련시켜서 암을 치료할 수 있게 만든 약이 면역항암제야. 면역항암제는 우리 몸의 면역반응을 이용하는 치료제라서, 기존 항암제가 가졌던 부작용은 적고 효과는 더 좋은 경우가 많아. 하지만 면역항암제로 인해 우리 몸의 면역체계가 과도하게 활성화되면 정상세포도 공격하는 부작용이 있을 수 있단다. 마치 특공대원 중 일부가 적군이 아니라 민간인을 괴롭히는 것처럼 말이지. 아직까지 면역항암제의 역사는 다른 항암제만큼 길지 않지만 앞으로 발전을 더 기대할 수 있는 암 치료 방법이야.

곳곳에서 암적인 존재와 맞닥뜨린다면

이렇게 암이 가진 특성 때문에 암을 치료하는 방법은 다른 병의 경우보다 조금 까다로워. 우리 사회의 '암적인 존재'를 뿌리 뽑는 게 무척 어려운 것처럼 말이야. 몇 년 전, 우리나라를 충격에 빠뜨린 마약 범죄 사건이 있었지. 서울의 큰 학원가에서 학생들에게 마약이 든 음료를 속여 먹게 하고 그 부모들에게 아이가 마약을 복용했다며 협박한 사건이었어. 한두 명의 범죄자가 아닌, 여러 명의 범죄자가 각자 역할을 나눠서 계획적으로 꾸민 범죄였지. 이런 조직적인 범행은 우리 사회가 어떻게 돌아가는지 너무 잘 이해하고 있기에 가능했지. 그들은 어떻게 하면 가장 충격적인 방법으로 마약 범죄를 일으킬 수 있는지 알았던 거야. 그래서 대낮에 서울 한복판에서 학생들을 대상으로 그런 범행을 저질렀던 거지. 선량한 시민들에게 피해가 가지 않도록 이런 범죄 조직을 소탕하려면 더 집요한 방법으로 오랜 싸움을 해야 해. 이런 종류의 싸움은, 외부에서 침입한 적을 물리치는 것과는 다른 종류의 싸움이지.

우리가 살면서 겪는 문제를 해결하는 방법도 이와 다르지 않

아. 다른 사람과 겪는 갈등을 해결하는 것과 내 안의 문제를 해결하는 방법이 다르지. 다른 사람과 겪는 갈등이라면 내 입장을 확실히 한 후 의견 차이를 좁혀나가면 되지만, 혼자 고민해서 풀어야 하는 종류의 문제라면 원래의 '내 모습'과 문제 사이에서 고민하게 되지.

그렇다면 앞에서 말한 항암제가 우리 몸에서 일하는 방식을 참고할 수 있을거야. 문제를 나에게서 뚝 잘라내 없애거나, 특징되는 부분을 골라내거나, 아니면 원래 있던 방법을 변형해 써 볼 것이냐를 생각할 수 있을 거야. 어떤 방법을 쓰든지 간에 '원래 내 모습'을 지키면서 문제를 해결하는 걸 고민해야 하지. 안 그러면 그동안 지키고 가꿔온 내 정체성이나 일상이 흔들릴 테니까 말이야. 그러기 위해서는 결국 서윤이 스스로에 대해 더 오래 고민해야 해. 마치 여러 과학자들이 효과적인 암 치료를 위해서 어떻게 접근해야 할지를 깊이 고민하는 것처럼 말이야.

참고자료

1) 약학정보원, 항암제, 면역항암제
2) 국가암정보센터, 항암화학요법의 이해
3) 서울대학교 암연구소, 암정보교육관
4) MBC 뉴스, 2023.4.6., 대치동 '마약음료'에 학원·학교 발칵.

17

치매 진행 속도를 늦출 때, 치매약

행복했던 기억을 더 오래 간직하기 위해

☆ 드라마 〈눈이 부시게〉의 결말이 포함돼 있습니다.

몇 년 전, 사람들에게 깊은 울림을 주었던 〈눈이 부시게〉라는 제목의 드라마가 있었단다. 드라마의 주인공 '혜자'는 시계를 돌려 원하는 순간으로 시간을 되돌릴 수 있는 특별한 능력을 가진 사람이야. 그런데 어느 날 시계를 잘못 돌려 스물다섯 살에서 칠십 대 노인이 되어버리고 말아. 주인공이 한순간에 수십 년의 인생을 잃어버린 안타까운 장면들은 시청자들로 하여금 '혜자가 곧 다시 20대 청춘으로 돌아가지 않을까?'라는 기대를 품게 했지. 하지만 드라마 마지막에서 "긴 꿈을 꾸었나 봅니다. 나는 알츠하이머 환자입니다."라는 나이 든 혜자의 고백이 나오지. 앞선 모든 장면들은 혜자의 기억 속에서 재구성된, 아주 오래전에 일어난 일들이었던 거야. 이렇게 드라마는 마지막에 큰 반전과 함께 여운을 많이 남겼어.

엄마를 비롯한 많은 사람들이 그 드라마를 보고 나이가 든다는 것에 대해 다시 생각하게 됐지. 엄마도 20년, 30년 후 나이든 엄마의 모습을 상상하기가 쉽지 않아. 아직은 엄마 주변 어른들 모두 건강하셔서, 늘 항상 그 모습으로 우리 곁에 계실 거라 여기고 있기도 하고 말이야. 엄마 자신도 막연히 나이는 들어도 노인은 되지 않을 거라고 생각했어. (앞뒤가 안 맞는 얘기지?) 하지만 엄마도 시간이 지나면서 조금씩 알게 되겠지. 얼굴도 몸도 나이가 들면서 점점 노인의 모습으로 변해갈 테니 말이야.

우리나라도 이제 20대 인구보다 70대 이상 노인 인구 비율이 높아졌고, 65세 이상 노인 인구 비율이 20%인 초고령사회 진입을 코앞에 두고 있지. 나이가 많아서 생기는 질병이 중요한 사회 문제가 될 수 있는 거야. 그중 하나가 바로 '치매'란다. 치매가 뭘까? 정상적으로 생활하던 사람이 어떤 이유로 뇌에 손상을 입어서 인지기능이 떨어지고 일상생활에 지장을 받는 상태를 말해. 기억력, 언어능력, 이해능력, 판단력 저하, 성격 변화가 주로 나타나. 이렇게 치매는 어떤 한 가지 병을 말하는 게 아니라 뇌에 생긴 질환으로 여러 증상들이 함께 나타나는 걸 말한단다.

치매 질환의 확실한 치료제를 찾아서

치매를 일으키는 뇌질환 중 하나가 바로 알츠하이머병이야. 앞서 말한 〈눈이 부시게〉 드라마의 주인공도 알츠하이머병에 걸린 환자였지. 알츠하이머병은 뇌 속에 이상 단백질(아밀로이드베타 단백질, 타우 단백질)이 쌓이면서 뇌 신경세포가 서서히 죽어 나가는 퇴행성 신경 질환(나이 들어 세포가 손상되어 증세가 점점 나타나는 것)이야. 전체 치매 환자의 50~60%가 알츠하이머병 환자일 정도로 알츠하이머병은 치매의 주된 원인이란다. 그 밖에도 혈관성치매, 전두측두엽치매, 파킨슨병과 관련된 치매 등 80여 가지 다양한 질환으로 인해 치매에 걸릴 수 있어.

치매의 증상들

알츠하이머병에 걸리면 처음에는 최근 일을 잘 기억하지 못하거나 익숙하게 처리하던 일을 잘하지 못하게 된단다. 병이 진행되면 신경세포가 점점 손상되면서 정신을 집중할 수가 없고 쉽게 혼돈에 빠지고 성격이 변하게 돼. 참을성이 없어지고 목적 없이 이곳저곳을 헤매고 다니기도 하고, 판단력이 흐려진단다. 병이 더 깊어지면 대화할 때 적절한 말을 찾지 못해 애를 먹거나 대화 내용을 잘 이해하지 못하게 돼. 또 간단한 지시사항이나 문제해결이 어려워진단다. 그러다 결국 독립적인 생활을 할 수 없게 돼서 식사, 배변, 몸 씻기 등 모든 일상생활을 보호자에게 의지하게 된단다.

그렇다면 치매에 사용할 수 있는 약은 어떤 것이 있을까? 지금까지 많이 쓰이고 있는 치매치료제는 두 가지가 있어. 그런데 두 가지 모두 치매의 원인을 직접 치료하는 약은 아니야. 두 약은 '콜린분해효소억제제'와 'NMDA 수용체 길항제'인데, 모두 치매 환자의 뇌 기능을 좀 더 좋게 해주고 치매가 진행되는 속도를 늦춰서 증상이 더 나빠지지 않게 한단다. 하지만 치매 원인을 직접 없애주진 않아.

그런데 최근에 치매 원인을 제거할 수 있는 '레카네맙'이라는 약이 나왔지. 이 약은 뇌 안에 축적되어 치매를 일으키는 아밀로이드베타 단백질을 공격해 치매 진행 속도를 늦춰준단다. 그럼 이 세 가지 치매약이 몸 안에서 어떻게 일하는지 한번 말해볼게.

'콜린분해효소 억제제'에 대해 설명하기 전에, 뇌의 신경전달물질에 대해 먼저 얘기해야 할 것 같아. 신경전달물질이 뭐냐고?

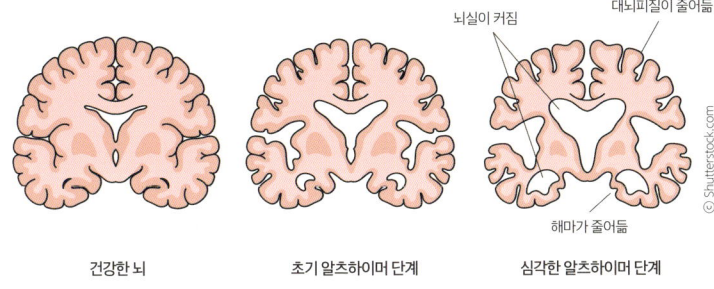

건강한 뇌 　　　초기 알츠하이머 단계 　　　심각한 알츠하이머 단계

우리 뇌 안에는 엄청나게 많은 신경세포가 있어. '뉴런'이라고도 부르는데, 뇌에 약 860억 개나 있어. 엄청나게 많지? 뇌 안에서는 이렇게 많은 신경세포들이 가지를 뻗어 서로 신호를 주고받으며 정보를 처리하지. 어떻게 하냐면, 가지와 가지 사이의 아주 작은 틈인 '시냅스'에서 화학물질을 보내는 방법을 쓴단다. 신호를 전달하는 앞 신경세포가 시냅스에 화학물질을 뿌리면, 뒤에서 신호를 받는 신경세포가 화학물질을 인식하고 신호를 받는 식이지. 필요한 신호전달이 끝나면 이 화학물질은 신속하게 분해되어 없어지고 말이야.

　이 연결부위(시냅스)에서 신호를 보내는 화학물질이 잘 전달되지 않으면, 뇌의 기억이나 인지기능에 문제가 생긴단다. 그 화학물질 중 하나가 '아세틸콜린'이야. 치매 환자의 뇌는 신경세포가 많이 줄어들어서 아세틸콜린이 많이 부족해. 그래서 아세틸콜린이 시냅스에 조금이라도 더 오래 머무르게 할 필요가 있지. 시냅스에서 아세틸콜린을 신속히 없애주는 청소기가 '콜린분해효소'거든. 이 청소기 같은 효소가 일을 하지 못하도록 막는 약이 바로 '콜린분해효소 억제제'란다. 콜린분해효소 억제제는 세 가지가 있어. '도네페질', '리바스티그민', 그리고 '갈란타민'이지. 셋 다 주로 먹는 약을 쓰는데, 도네페질과 리바스티그민은 피부에 붙이는 패치도 있어서 위장이 불편하거나 약을 삼키기 어려울 때 쓸 수 있어.

또 다른 치매치료제로는 'NMDA 수용체 길항제'가 있어. '길항제'는 어떤 작용을 못하게 하는 약을 말해. 3치매 환자의 뇌는 '글루타메이트'라는 물질에 과도하게 자극을 받아 손상되거든. NMDA 수용체 길항제는 글루타메이트가 뇌를 과도하게 자극하는 걸 막아서 신경세포가 파괴되는 것을 막지. 이 약은 치매 환자의 기억력이 좀 좋아지게 하고 치매가 진행되는 걸 늦춘단다. 콜린분해효소 억제제를 사용해도 증상이 좋아지지 않았을 때 사용하지. NMDA 수용체 길항체는 '메만틴'이라는 성분 한 가지만 있고, 먹는 약으로만 나와 있어.

마지막으로 새로운 치매치료제인 '레카네맙'이 있단다. 그간 치매 원인을 직접 치료하는 약은 없었지. 그런데 이 약은 치매를 일으키는 유력한 원인인 아밀로이드 베타 단백질을 직접 공격해 없애는 약이야. 치매를 직접 치료하는 첫 치료제라는 점에서 치매 환자들의 많은 주목을 받았어. 심하지 않은 알츠하이머병의 진행을 늦추는 효과가 있지만, 병이 어느 정도 진행된 알츠하이머병 환자에게선 효과가 아직 확인되지 않아서 제한적으로 사용할 수 있지.

이렇게 몇 가지 치매치료제가 사용되고 있지만, 아직 효과가 뛰어난 치매치료제는 나와 있지 않은 게 현실이야. 알츠하이머병 치료제가 개발되기 어려운 이유 중 하나는, 치매 증상이 나타났을 때는 이미 뇌가 손상되었기 때문이란다. 수많은 신경세포가 죽어 없어진 이후라서지. 또 치매가 발생하는 원리도 아직 명확히 밝혀지지 않은 데다, 새로 개발한 약의 효과를 평가하는 데 시간이 오래 걸리고 임상시험이 어려운 것도 치매치료제 개발이 쉽지 않은 이유야. 그렇지만 치매의 정확한 원인을 밝히고, 효과가 좋으면서 부작용은 적은 치료제를 개발하기 위해 전 세계 과학자들이 지금도 밤낮없이 연구하고 있단다.

어쩌면 치매는 노화의 자연스러운 과정

한 언론사에서 우리나라 성인 1000명을 대상으로 설문조사를 했는데, 사람들이 나이 들수록 가장 두려워하는 병이 치매인 걸로 나타났어. 그 무섭다는 '암'보다도 치매를 더 두려워하는 이유가 뭘까? 치매로 인해 뇌 기능이 점점 나빠지면서 기억과 일상생활을 잃어가는 것은, 마치 '나를 잃어버리는 것'과 같아서일 거야. 이렇게 무서운 치매지만 치매 환자 수는 점점 늘어나고 있는 상황이야. 우리나라에서는 만 60세 이상 인구 중 약 7.3%가 치매 환자고,

전체 치매 환자 수는 100만 명을 넘어섰어. 치매 환자가 이렇게 많지만 아직 치매 환자는 치료해야 하거나 간호해야 할 대상으로만 여기고 있지.

하지만 이제는 치매를 좀 다르게 받아들이자는 목소리도 점점 높아지고 있단다. 모두가 치매에 관심을 갖고 치매 환자와 함께 살 수 있는 기본 상식을 알아두자는 거지. 치매 환자와 가족을 위한 안내서인 『엄마의 공책』이라는 책에서 작가는 '치매는 자연스러운 노화 과정에서 나타날 수 있는 당연한 현상으로 생각해야 한다'고 말했어. 몸과 정신이 함께 늙어가며 한 사람의 인생이 '스러져가는 과정'으로 보자는 거지. 몸이 늙어서 기능을 잃어가니, 정신 또한 그에 맞춰 점점 수그러드는 것이 당연하다는 거지. 그 당연한 과정을 모두 자연스럽게 받아들여야 한다는 거야.

앞으로 수십 년 후의 일은 알 수 없지만, 서윤이와 엄마도 언젠가는 치매 환자와 함께 살아가는 방법을 배워야 할지 몰라. 사랑하는 가족 중 누군가에게 치매가 찾아올 수도 있고, 어쩌면 엄마가 나이 들었을 때 불쑥 치매가 찾아올 수도 있겠지. 우리가 오래오래 함께하고 싶은 소망이 이루어지면 참 좋겠지만 그 과정에서 치매가 등장한다면 좀 당황스러울 수 있을 거야. 하지만 곧 이 치매라는 손님과 오래도록 같이 잘 지낼 방법을 찾아야겠지. 우리의 행복한 기억을 오래 간직할 수 있도록, 그때가 오기 전에 우리는 치매에 대한 과학적인 지식뿐 아니라 마음가짐도 공부하고 준비해야 할 거야. 물론 지금보다 훨씬 효과 좋은 치매치료제가 나올 것도 기대하면서 말이야.

참고자료

1) 약학정보원 약물백과, 치매치료제
2) 치매의 약물용법, 윤현철, 정현강, J Korean Med Assoc 2018 December; 61(12):758-764
3) 알츠하이머병의 약물요법, 김여진, J Korean Med Assoc 2024; 67(3): 213-220.
4) 대한치매학회, 99가지 치매이야기
5) 식약처 보도자료, 2024.5.24., 식약처, 경증 알츠하이머병 치료제 허가
6) 팜뉴스 기사, 2024.9.13., 알츠하이머병 신약 '레카네맙'과 '도나네맙'

18

혈당을 조절해야 할 때, 당뇨약

달콤한 게 좋아도 피까지 달콤해선 안 되지

서윤아, 언젠가 엄마가 야근을 마치고 밤늦게 들어온 날 거실 바닥에서 뭘 발견했게? 바로 잇자국이 선명한 먹다 남긴 초콜릿이었어. 먹던 걸 그대로 거실 바닥에 둔 걸 보니 서윤이 소행인 걸 바로 알 수 있었지. 남은 걸 잘 싸서 냉장고에 넣어두었는데, 어느새 아빠가 그걸 홀랑 먹어버렸지 뭐야. 다음 날 초콜릿이 없어진 걸 눈치챈 서윤이가 그것의 행방(?)을 놓고 아빠와 실랑이를 벌이더라. 엄마는 서윤이 편을 들어주었어. 왜냐? 아빠는 이제 달콤한 음식을 줄여야 할 나이가 됐거든. 마치 엔진에 과부하가 걸리면 차가 망가지듯, 몸도 너무 많은 설탕을 계속 넣어주면 건강에 문제가 생길 수 있거든. 특히 엄마, 아빠처럼 40세가 넘은 사람들에겐 더더욱 그렇단다.

서윤이가 좋아하는 초콜릿처럼 설탕이 많이 든 음식을 먹으면 혈당(혈액에 포함된 포도당의 농도)이 올라간단다. 설탕이 많이 든 음식을 먹어서 혈당이 올라가는 것이 건강에 왜 안 좋을까? 혈당이 급격히 오르내리면 이 혈당을 조절하는 우리 몸의 기능이 망가질 수 있어서야. 그 기능이 망가지면 '당뇨병'에 걸릴 확률이 높아진단다. 엄마가 오늘은 그 이야기를 해보려고 해.

우리 몸은 항상 핏속의 포도당 농도를 최적화된 상태로 일정하게 유지하려고 해. 포도당은 세포가 가장 좋아하는 에너지원이거든. 그리고 우리 몸은 너무 많거나 적지 않게, 딱 적당한 포도당 농도를 유지하려고 최선을 다하고 있지. 이렇게 일정하게 유지하는 일을 하는 건 우리 몸의 '화학공장'이라 불리는 간이야. 그리고 췌장에서 나오는 두 가지 호르몬인 '인슐린'과 '글루카곤'이 간에서 포도당 만드는 일을 조절한단다. 혈당이 높으면 인슐린이 간에서 포도당을 그만 만들고 포도당을 저장하게 하고, 또 포도당을 세포 안으로 집어넣어 얼른 혈당을 낮추지. 반대로 혈당이 낮으면 글루카곤이 등장해 간에서 포도당을 더 만들게 해서 혈당을 다시 높이지.

그런데 우리가 흔히 생각하는 것처럼 단 음식 자체가 당뇨병을 일으키는 건 아니야. 당뇨병의 진짜 원인은 설탕이 아니라, '인슐린'이라는 호르몬과 관련이 있거든. 췌장이 인슐린을 아예 못 만들어서 몸에 인슐린이 없거나, 인슐린이 있어도 일을 잘 못해서 혈당이 조절되지 않을 때 당뇨병에 걸린단다. 이 두 가지 당뇨병에 번호를 붙여서 각각 '제1형 당뇨병'과 '제2형 당뇨병'으로 부르고 있어.

혈당 조절을 위한 미묘한 시소 게임

제1형 당뇨병은 인슐린을 제때 투여하면 혈당을 조절할 수 있어. 하지만 제2형 당뇨병은 좀 달라. 인슐린이 있는데도 일을 못하는 건, '인슐린 저항성' 때문이야. 앞에서 달콤한 음식이 혈당을 급격히 오르내리게 한다고 했지? 이게 계속 반복되면 인슐린이 과도하게 분비되다가 결국 기능이 떨어져서 세포 안으로 포도당을 넣어주는 일을 못하게 돼. 마치 매일 격무와 야근에 시달리다 지쳐서 업무지시를 잘 못 알아듣게 된 직장인처럼 말이야. 인슐린이 일을 못하니 세포는 포도당을 공급받지 못해 계속 배가 고프

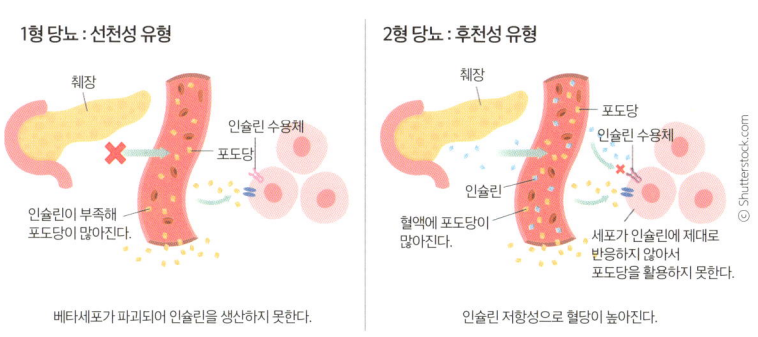

당뇨병의 유형

고, 핏속의 포도당은 계속 높은 상태가 돼서 당뇨병에 걸리는 거지.

당뇨병에 걸려서 혈당 조절이 안 되면 건강에 어떤 영향이 있을까? 혈당이 높으면 소변으로 포도당이 빠져나간단다. 당뇨(糖尿)라는 이름처럼 소변에 포도당이 섞여서 단맛이 생기지. 그런데 포도당이 소변으로 나갈 때는 그냥 나가지 않고 몸속의 물을 많이 끌고 나가거든. 그래서 소변을 많이 보게 되고 목도 자주 마르지. 그뿐 아니라 세포가 포도당을 잘 이용하지 못해 늘 에너지가 부족하고 피로감을 느끼게 돼. 아무리 쉬어도 피로가 회복되지 않지. 또 항상 배가 고프고 체중이 줄기도 해.

당뇨병의 이런 증상이 일상생활을 힘들게 하지. 그런데 당뇨병이 무서운 진짜 이유는 따로 있어. 바로 '합병증'이야. 혈당이 높아져 피가 끈적해지면 혈액이 혈관을 통과하기 어려워지고, 혈관벽에도 손상을 입히게 돼. 이렇게 되면 온몸의 혈관 중 어디에서 언제 문제가 생길지 모르지. 대표적인 당뇨병 합병증은 심근경색, 뇌졸중, 망막증, 신부전 등이 있어. 우리 몸의 중요한 기관이 손상되는 병들이지. 또 말초신경이 손상돼서 몸의 맨 아래쪽에 있는 발에서 감각을 느끼기 어려워지기도 한단다. 발에 감각이 잘 안 느껴지고 혈액 순환도 힘든 데다 세균에 대한 저항력도 약해져서, 작은 상처가 나도 심한 궤양으로 악화되기 쉬워. 이런 무서운 합병증을 피하기 위해서는 혈당을 꼭 정상 범위로 조절해야 해.

당뇨병을 치료하기 위한 약은 크게 세 가지가 있단다. 인슐린,

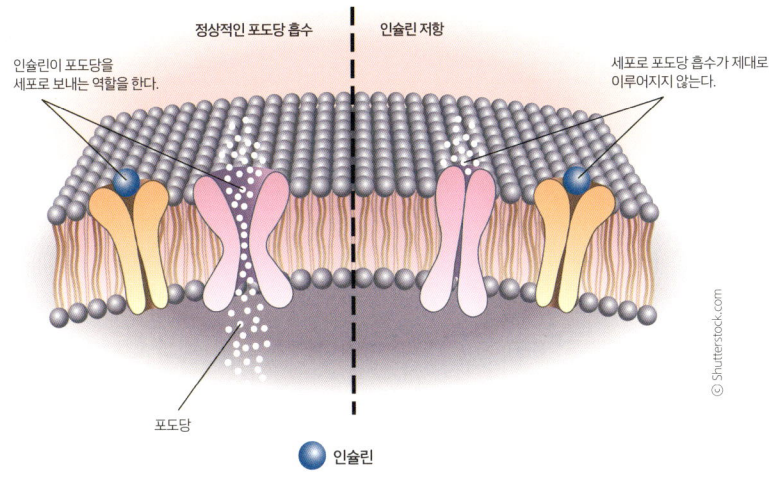

먹는 치료제, 그리고 주사하는 치료제야. 먼저 인슐린은 몸에서 부족한 인슐린을 보충하기 위한 약이야. 인슐린은 먹어서 투여하지 않고 정맥이나 피부 아래에 주사로만 투여할 수 있어. 인슐린은 단백질 성분이라서 먹으면 음식물과 똑같이 소화기관에서 산산이 분해되기 때문이야. 췌장에서 인슐린을 못 만드는 제1형 당뇨병이나 다른 당뇨병 치료제로도 낫지 않는 제2형 당뇨병에 인슐린을 쓴단다.

그리고 먹는 당뇨병 치료제가 있어. 먹는 당뇨병 치료제로 가장 많이 쓰이는 건 '메트포르민'이란다. 앞에서 엄마가 간이 핏속의 포도당 농도를 조절한다고 했지? 몸에 저장된 에너지를 세포가 잘 쓸 수 있도록 간에서 포도당으로 바꿔주지. 그런데 당뇨병 환자의 간은 포도당을 만드는 활동을 정상보다 3배나 많이 하고 있는 상태야. 혈당이 높은데 정작 세포는 포도당을 공급받지 못하니 간에서 포도당을 '아묻따' 마구 찍어내고 있는 거지. 메트포르민은 이렇게 간이 포도당을 너무 많이 만들어내서 혈당이 올라가는 걸 막아준단다. 또 세포가 포도당을 더 잘 흡수할 수 있도록 도와주기 때문에 혈당을 낮추는 효과도 있지.

그리고 먹는 당뇨병 치료제 중에는 'DPP-4 억제제'도 있어. 이 약은 음식을 먹었을 때 인슐린 분비가 잘 되게 해서 혈당을 낮춰주는 역할을 한단다. DPP-4는 '인크레틴'이라는 호르몬을 분해하는 효소야. 이 효소가 일을 못하게 억제하면 인크레틴 호르몬이 더 오래 일하면서 인슐린 분비를 촉진할 수 있거든. DPP-4 억제제를 쓰면 혈당 농도에 따라 그때그때 인슐린 분비가 필요한 만큼만 이루어지기 때문에 저혈당 위험이 낮다는 장점이 있지.

또 최근에 등장한 'SGLT-2 억제제'가 있단다. 그동안 당뇨병 치료제들은 인슐린 저항성이 있거나 몸에서 인슐린 분비가 부족한 데에 초점을 두어 개발되었지. 그래서 인슐린이 자칫 많아지기라도 하면 저혈당이 올 수 있는 위험이 항상 있어. 그런데 이 약은 소변을 통해 포도당을 몸밖으로 더 나가게 하는 전략으로 혈당을 낮춰준단다. 신장에서는 피 속에서 불필요한 물질을 걸러내고 필요한 물질을 다시 흡수하는 역할을 하거든. 그런데 SGLT-2 억제제는 이 흡수 과정을 방해해서, 포도당을 소변으로 배출시키는 것으로 혈당을 낮추는 새로운 방식의 당뇨병 치료제야. 기존의 치료법으로 혈당이 조절되지 않는 환자들에게 쓸 수 있는 약이지. 신장을 타깃으로 하기 때문에 당뇨병 환자 중에서도 신장 기능이 괜찮은 환자들에게 많이 쓰인단다.

그리고 주사하는 치료제에 대해서도 말해볼게. 대표적으로 'GLP-1(glucagon like peptide-1, 글루카곤과 비슷하게 일하는 펩타이드) 유사체'가 있어. 비만약 설명할 때 얘기했었지? 식욕을 억제하는 효과가 있어서 비만치료제로도 쓰는 약이야. GLP-1은 췌장에서 인슐린 분비를 촉진하고 글루카곤 분비는 줄여주는 일을 하거든. 또 인슐린을 분비하는 췌장 베타 세포의 기능을 좋게 만들어서 혈당을 낮추는 역할을 하지. GLP-1 성분은 먹어서 투여하면 소화기관에서 분해되기 때문에 주사로만 투여할 수 있어. 인슐린을 주사하는 것과 같은 이유 때문이지. 그래서 이 약은 피하주사로 투여한단다.

세상에서 가장 어려운 단 음식 멀리 하기

당뇨병 치료제를 쓸 때 특히 주의할 건 바로 '저혈당'이야. 높은 혈당을 낮추려고 당뇨병 치료제를 사용했는데, 오히려 혈당이 너무 낮아지는 바람에 건강에 이상이 오는 경우를 주의해야 하지. 혈당이 너무 낮아지면 땀이 나거나 손이 떨리고, 현기증이 나고 가슴이 두근거리는데, 심하면 경련, 발작, 혼수 증세가 나타나서 위험할 수 있어. 그래서 당뇨 환자는 저혈당 증세가 나타났을 때 바로 사탕이나 주스, 비스킷 등을 먹어서 즉시 혈당을 올릴 수 있도록 늘 준비하고 있어야 해.

우리나라 30세 이상 성인 7명 중 1명(13.8%)이 당뇨병을 앓고 있다고 해. 65세 이상이 되면 이 비율은 10명 중 3명으로 더 높아진다고 하니, 생각보다 더 흔한 질병이지. 우리 집안 어르신들 중에도 당뇨병 진단을 받은 분들이 계시지만, 매일 시간 지켜 약을 복용하고 혈당을 매일 체크하면서 생활습관을 건강히 유지하려고 애쓰고 계시지. 그 모습을 보면서 엄마는 백세 시대에 슬기롭게 나이 들어간다는 건 '습관에 공을 들이는 것'이라고 생각했어. 전보다 먹는 걸 더 절제하고 규칙적인 운동습관도 만들어야 하는 거지. 그리고 이런 노력은 벼락치기로는 할 수 없는 일이지.

그런데도 사실 엄마와 아빠도 단 음식을 참기 힘들 때가 많아. 새로 생긴 꽈배기집의 설탕 뿌린 꽈배기가 어찌나 맛있어 보이고, 카페에는 왜 이렇게 신상 디저트가 자주 출시되는지 말야. 이렇게 맛있는 게 점점 더 많아지는 세상이지만, 엄마, 아빠도 이젠 40대에 접어들었으니 단 음식을 좀 줄여보려고 해. 우리 몸속의 인슐린이 널뛰기하며 혈당 조절에 어려움을 겪지 않도록 말이야. 초콜릿을 무척 좋아하는 서윤이지만 건강한 식습관을 위해 같이 '단 음식 줄이기'를 해주었으면 하는데. 어때, 함께 해주겠니?

참고자료

1) 질병관리청 국가건강정보포털, 당뇨병
2) 삼성서울병원 당뇨교육실, 당뇨병 개요
3) 약학정보원 약물백과, 당뇨병 치료제
4) 당뇨병 환자의 약물치료, 문준호, 임수, J Korean Med Assoc. 2020;63(12):766-775
5) 대한당뇨병학회 진료지침

19

혈압을 조절해야 할 때, 고혈압약

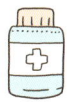

피도 마음도 매끄럽게 돌아야 하니까

서윤아, 재작년에 우리가 봤던 뮤지컬 〈알사탕〉 기억나? 서윤이와 엄마가 함께 읽었던 그림책이 뮤지컬로도 나왔다는 소식을 듣자마자 엄마는 망설이지 않고 예매했어. 서윤이와 서윤이 사촌 언니, 그리고 엄마까지 셋이서 함께 즐겁게 공연을 감상했지.

주인공 '동동이'는 늘 혼자 강아지와 놀거나 구슬치기를 하던 외로운 어린이였지. 그런데 마법의 알사탕을 먹고 얻은 신기한 능력을 친구에게 용기 내어 다가가는 데 썼어. 같이 놀고 싶은 친구에게 쭈뼛쭈뼛 다가가 "나랑 같이 놀래?"라는 말을 꺼내는 것으로 말야. 동동이로선 엄청난 용기를 낸 그 질문에, 친구는 아무렇지 않게 "그래!" 하고 대답하지. 대수롭지 않은 질문과 대답 같만 동동이한테는 큰 사건이었지. 동동이가 친구에게 꺼낸 그 한마디가, 친구와 즐겁게 마음을 나누며 우정을 쌓는 신호가 되었어. 동동이 표정도 혼자 놀 때보다 훨씬 밝아졌고 말이야.

  동동이가 용기 내어 친구에게 말을 건네는 그 장면이 참 인상적이었지. 우리 몸도 건강한 삶을 살려면, 몸 안의 중요한 것들이 서로 잘 소통하며 매끄럽게 돌아가야 해. 우리 몸에서는 '혈액'이 잘 순환해야만 건강을 유지할 수 있단다.

심장의 펌프질 덕분에
혈액은 우리 몸을 구석구석 돌 수 있지

  혈액이 순환한다는 건 뭘까? 간단히 말하면, 피가 우리 몸 구석구석까지 돌아다니는 것이야. 혈액, 즉 피는 몸속 세포에게 필요한 산소와 영양소를 공급하고, 노폐물을 몸 밖으로 내보내는 역할을 한다는 것, 알고 있지? 그런데 이 피가 몸속 어딘가에서 막히거나 돌지 않으면 세포는 건강히 생명 활동을 할 수 없어. 그러면 몸 전체가 제대로 기능을 하지 못하지.

  특히 피가 지나가는 혈관에 과도한 압력이 걸리는 상태를 '고혈압'이라고 한단다. 피가 혈관을 돌아다니도록 하는 힘은 바로 심장의 펌프질이야. 심장은 우리 몸의 가운데서 단 한시도 쉬지 않고 1분에 60~100번 뛰면서 혈액을 온몸으로 보내는 일을 하고

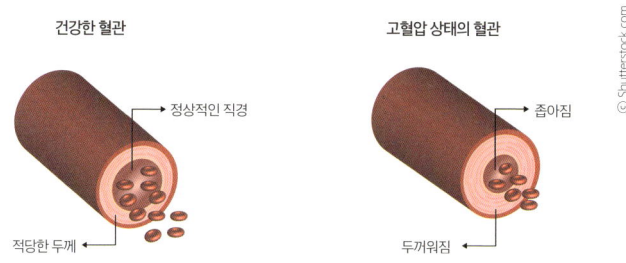

건강한 혈관과 고혈압 상태 혈관 비교

있어. 혈압은 심장이 뛸 때 '혈관벽이 느끼는 압력'을 뜻해. 심장이 힘차게 피를 쥐어짜서 내보내면, 혈관을 통해 피가 뿜어져 나오지. 그 뿜어져 나오는 힘 때문에 혈관 안쪽은 늘 일정한 압력을 받고 있어. 건강한 사람이라면 혈관벽이 부드럽고 탄력 있으면서 안쪽 공간이 충분하기 때문에 혈압이 정상이란다. 그런데 어떤 이유로 혈관이 딱딱해지거나 혈관 안쪽 벽에 이물질이 쌓여 혈관벽이 좁아질 수 있어. 그러면 혈관이 느끼는 압력이 커져서 혈압이 높은 상태가 되지.

혈압이 높은 것 자체로는 별 증상이 없어. 그래서 고혈압 상태여도 자신이 고혈압 환자인지 모르고 지내는 경우도 많아. 하지만 갑자기 고혈압 합병증이 나타나면 그땐 정말 위험할 수 있어. 고혈압 합병증은 높은 압력을 견디지 못하고 혈관이 어디선가 터져서 생기거든. 뇌혈관이나 망막의 모세혈관이 터지거나, 어딘가의 동맥이 터지거나 하는 거지. 그런가 하면 높아진 혈압보다 더 세게 혈액을 보내느라 심장 근육에 무리가 가서 문제가 생기기도 해. 고혈압은 평소엔 조용하다가 이렇게 치명적인 합병증을 갑자기 가져오기 때문에 무섭단다. 그래서 누군가는 고혈압을 '조용한 살인자'라고 부르기도 해.

고혈압의 90% 가량은 뚜렷한 원인을 알 수가 없어. 이렇게 특별히 원인을 찾기 어려운 고혈압을 '본태성 고혈압'이라고 부른단다. 보통 나이 들어가면서 혈압이 꾸준히 올라가는데, 60세 이상인 사람들 중에 고혈압 환자인 사람의 비율이 70~80%나 될 정도야. 아무래도 이 나이대에서는 혈관의 탄력이 떨어지면서 딱딱해진 혈관이 받는 압력이 커지기 때문에 그렇지. 노화 외에도 체질이나 환경, 생활습관도 고혈압을 일으키는 요인이야. 또 스트레스가 많은 환경, 그리고 식습관(염분이 많거나 고칼로리인 음식)에 의한 비만, 운동부족, 음주, 그리고 흡연도 고혈압의 중요한 원인이란다.

그리고 만약 본태성 고혈압이 아니라 다른 병 때문에 혈압이 높아진 경우에는 그 병을 치료하면 고혈압도 함께 나아질 수 있어. 고혈압을 예방하거나 치료하기 위해서는 무엇보다 생활습관을 좋게 바꿔야 해. 규칙적인 운동, 균형 잡힌 식단, 몸에 좋지 않은 술·담배 끊기 같은 것들 말이야. 고혈압 환자는 특히 짜지 않게 먹는 게 중요해. 짠 음식을 먹어서 혈액 내 나트륨 농도가 높아지면, 몸속 수분이 혈액으로 따라 이동해서 혈액량이 늘어나거든. 그러면 혈압이 더 높아지는데, 그렇게 되면 높은 압력을 견디느라 힘든 혈관이 더 힘들어지겠지? 그래서 나이 들수록 소금이 적게 들어간 식사를 해야 한단다.

생활습관 교정만으로도 혈압이 낮아지지 않는다면 약을 써야 하지. 고혈압약은 크게 세 가지로 나눌 수 있어. 우리 몸의 혈압에 미치는 각 요소를 공략하는 방법이지. 엄마가 앞에서 심장의 펌프질 덕분에 온몸의 피가 돈다고 이야기했지. 혈액 대부분이 '물'로 이루어져 있어서, 물의 양이나 혈관 안쪽 넓이, 심장이 펌프질하는 힘에 따라 혈압이 달라지지. 고혈압약은 이 세 가지 요소 중 하나를 공략해서 혈압을 낮추도록 돕는단다.

먼저 몸 속의 수분량을 줄여서 혈압을 낮추는 약으로는 이뇨제가 대표적이야. 이뇨제는 우리 몸에서 소변을 더 많이 배출하게 만든단다. 그래서 혈액 속의 수분이 줄어들고, 그 결과로 혈액량도 줄어들게 되지. 피의 양이 줄면 혈관 벽이 느끼는 압력도 낮아지겠지? 대표적인 이뇨제로는 '티아지드계' 이뇨제가 있어. 티아지드계 이뇨제는 비교적 부작용이 적고 오랜 기간 써도 안정적인 효과가 있다고 알려져 있지. 하지만 몸에서 칼륨이 같이 빠져나가는 부작용이 있어. 그래서 약을 복용하는 동안 칼륨 보충에 신경 써야 해. 또 나이드신 분들에게는 신장에 무리가 갈 수 있어서 주의해야 하지. 참고로 요즘은 더 효과적인 고혈압약이 더 많이 나와 있어서, 이뇨제만 가지고 고혈압을 치료하는 경우는 별로 없어. 이뇨제는 다른 고혈압약과 함께 쓰이면서 주로 보조적인 역할을 한단다.

그리고 혈관을 확장시키는 약이 있단다. 혈관이 넓어지면 피

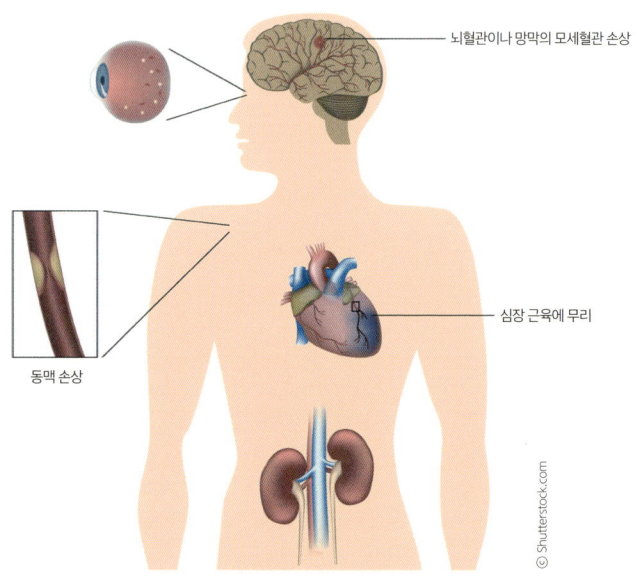

고혈압 합병증

가 지나가면서 혈관 벽을 덜 밀테니 혈압이 자연스럽게 낮아지겠지? 대표적인 약이 '안지오텐신 전환효소 억제제(ACE 억제제)'와 '안지오텐신 Ⅱ 수용체 차단제(ARB)'란다. 이 두 약은 혈관을 수축시키는 '안지오텐신'이라는 호르몬의 작용을 차단해 혈관이 수축하는 걸 막아주지. ACE 억제제는 안지오텐신이 만들어지는 경로를 차단한단다. 안지오텐신이 만들어지지 않으니 혈관이 좀 덜 수축하겠지? 그런데 이 약을 복용하면 부작용으로 마른기침을 심하게 한단다. 반면, ARB는 안지오텐신이 수용체와 결합하는 걸 막아주는 역할을 해. 안지오텐신이 일을 하려면 수용체를 만나 합쳐져야 하거든. 마치 열쇠와 자물쇠가 만나야만 문이 열리는 것처럼 말이야. 이 ARB는 혈관 수축을 막는 데만 더 집중해 일을 하기 때문에 ACE 억제제처럼 마른기침을 심하게 한다든지 하는 부작용이 더 적단다. 또 ARB는 신장 기능을 보호하는 데도 효과적이어서, 최근에 고혈압의 주요 치료제로 많이 사용되고 있어.

세 번째는 심장의 부담을 줄이는 약이야. 혈압이 높아지면 심장이 펌프질을 더 세게 해서 혈액을 내보내야 하기 때문에 심장이 느끼는 부담이 커진단다. 이걸 방지하기 위해 '베타차단제'와 '칼슘채널차단제'를 사용하지. 베타차단제는 교감신경을 억제해서 심장의 수축력을 줄이고, 심박수를 낮추는 역할을 해. 이렇게 해서 심장이 무리해서 힘차게 뛰는 걸 억제하고 혈압도 낮춰주지. 그래서 심장 질환을 앓는 고혈압 환자에게 많이 쓰이는 약이야. 한편, 칼슘채널차단제는 혈관과 심장 근육의 칼슘 통로를 차단해서 혈관을 넓히고 심장 수축을 억제하지. 이 약은 특히 어르신 환자나 비만 환자에게 효과적이고 빠르게 작용한다는 특징이 있단다.

고혈압 약을 복용할 때 중요한 건, 바로 매일 일정한 시간에 복용해야 한다는 거야. 몸에서 일정하게 약효가 지속되도록 해서 혈압이 다시 올라가지 않게 하기 위해서지. 또 나이 들수록 고혈압 약 말고도 다른 약을 같이 복용할 가능성이 큰데, 약들끼리 서로 몸 안에서 영향을 줄 수 있다는 점에도 주의해야 해. 고혈압약을 복용한 후 어지럼증이 생기거나 갑자기 혈압이 너무 낮아지는 증상이 나타나면 반드시 병원에 가야 한단다.

막힘 없이 잘 흐르고 싶은 너와 나의 마음처럼

엄마가 대학생이던 시절 생리학 교수님이 하신 말씀이 있어. 우리 몸의 각 기능은 중요하지 않은 것이 없지만, 그래도 가장 중요한 것 하나를 꼽으라면 단연 혈액 순환이라고 하셨지. 몸속의 피가 원활히 돌아야 우리 몸의 각 세포가 건강히 생명 활동을 할 수 있으니까 말이야.

그런데 순환이 중요한 건 비단 우리 몸만은 아니야. 우리 주변에서 일어나는 많은 일이 잘 돌아야 건강한 상태를 유지할 수 있거든. 도로 위의 교통 흐름도, 경제에서 돈의 흐름도 항상 막힘없이 잘 흘러야 우리 사회가 원활히 돌아가지.

그리고 원활한 흐름이 중요한 것 중 하나는, 사람과 사람 사이의 마음이란다. 우리는 주변 사람들과 마음을 잘 나누어야 건강하게 살아갈 수 있어. 겉보기엔 아무 문제 없어 보여도, 마음속에는 서운함이나 오해가 천천히 쌓이고 있을지도 모르지. 마치 고혈압처럼 말이야. 고혈압은 특별한 증상 없이도 혈관 안쪽에서는 압력이 높아지는 병이잖아. 그래서 정기적으로 혈압을 체크하듯 마음도 자주 들여다보고, 혹시나 막히기 전에 작은 말 한마디로 풀어주는 게 중요하단다. 앞서 말한 <알사탕> 뮤지컬에서 엄마를 울린 동동이의 대사, "나랑 같이 놀래?"처럼 말이야. 때로는 그렇게 마음의 문을 여는 용기 있는 한마디가 필요한 거란다. 동동이처럼 서윤이가 먼저 그런 말을 건넬 수 있는 사람이 되었으면 좋겠어. 우리 몸의 피가 잘 돌게 해 주는 고혈압약처럼, 누군가의 굳은 마음을 부드럽게 풀어주는 사람 말이야.

참고자료

1) 서울아산병원 질환백과
2) 가톨릭대학교 서울성모병원 평생건강증진센터
3) 명지병원 건강정보
4) 약학정보원 약물백과, 고혈압치료제
5) cochrane.org, Thiazide diuretics for the treatment of high blood pressure

20

뼈마디가 아플 때, 파스

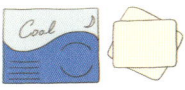

아픈 관절에 착 붙이면 이만한 게 없지

엄마가 어렸을 적 외할머니댁에 가면 꼭 나던 냄새가 있었어. 특히 할머니 방 화장대 근처에서 가장 진하게 나던 냄새, 바로 파스 냄새였지. 무릎 관절이 편치 않으셨던 할머니는 아픈 곳에 파스를 붙이면 도움이 된다고 말씀하셨어. 그런데 파스는 왜 그리 냄새가 특이하던지. 톡 쏘는 듯한 그 냄새가 익숙해지는 데는 오랜 시간이 걸렸지만, 파스 냄새는 엄마가 외할머니를 떠올리는 추억의 냄새가 되었어. 그 특별한 냄새가 파스에 담겨 있는 '멘톨' 성분 때문이라는 건, 엄마가 약에 대해 본격적으로 배운 후에야 알게 되었단다.

엄마도 어른이 되고 나서는 관절이나 근육이 아플 때 가끔 파스를 쓰곤 해. 파스를 붙이면 그 특유의 냄새가 여기저기 묻어나서, 파스 붙인 사람이 누구인지 냄새로 찾을 수 있을 정도지. 냄새는 좀 강하지만 파스는 관절이 좋지 않은 어르신들이 특히 많이 찾는 약이야. 파스 냄새와 피부에 주는 느낌이 마치 관절통이나 근육통이 치료되는 것처럼 여겨지는 것도 이유 중 하나지.

그래서인지 약국에 가면 파스만 놓여 있는 진열대가 따로 있을 정도로 파스 종류가 많아. 파란색 또는 빨간색 바탕에 화려하고 강한 도안이 인쇄된 포장에 담긴 수많은 파스가 있지. 포장에 적힌 이름과 이미지가 다 달라서, 도대체 이 파스들은 뭐가 어떻게 다른지 궁금할 때가 있었을 거야.

파스가 고통을 잊게 해주는 이유

'파스'라는 이름은 독일어인 '파스타(Pasta)'를 줄여서 부르는 말이야. 원래는 연고 또는 치약을 의미하는 말이지. 하지만 우리나라와 일본에서는 주로 피부에 붙이는 소염진통제를 부르는 말로 써. 이렇게 붙이는 파스는 형태에 따라서 '플라스타'라는 첩부제와 '카타플라스마'라는 습포제로 나눌 수 있어. 첩부제는 보통 헝겊, 종이 등에 약물이 들어 있어서 마치 반창고처럼 한 번에 떼어서 붙일 수 있게 생겼어. 습포제는 첩부제보다 수분을 더 많이 함유해서 두툼하고, 피부에 붙이기 위해 밀착포를 위에 덧붙여야 하지.

또 파스는 어떤 성분을 함유했느냐에 따라 크게 두 가지로 나눌 수 있단다. 성분을 하나만 가진 '단일 성분 파스'와 여러 성분으로 구성된 '복합 성분 파스'지. 단일 성분 파스와 복합 성분 파스는 각자 함유하는 성분 종류가 달라서 하는 일도 다르단다. 간단히 말하면 단일 성분 파스는 진통·소염 역할을 하고, 복합 성분 파스는 주로 아픈 부위에 다른 자극을 줘서 아픔을 잊게 해주는 역할을 해. 그럼 단일 성분과 복합 성분 파스 종류에 대해 좀 더 자세히 얘기해볼게.

먼저 단일 성분 파스에는 '소염진통제' 성분이 들어 있단다. 비스테로이드성 소염진통제(NSAIDs, 엔세이드) 성분인 '케토프로펜', '피록시캄', '플루르비프로펜' 같은 성분들 중 하나가 들어 있지. 이런 단일 성분 파스는 포장지 앞면과 뒷면에 제품명과 함께 성분명이 적혀 있는 것으로 알 수 있어. 파스에 들어 있는 소염진통제 성분은 피부로 흡수되면 그 부위의 염증과 통증을 줄여주는 효과가 있단다. 먹는 소염진통제를 오래 쓰다 보면 위에 부담이 가기 쉽거든. 그럴 때 이렇게 아픈 부위에 붙여서 쓰는 파스가 효과적이야. 특히 나이가 들어 위가 약해져서 부작용을 조심해야 하는 어르신들은 이런 단일성분 파스를 붙이면 통증이 가라앉는 효과를 볼 수 있지.

그런데 이런 단일 성분 파스를 쓸 때 주의해야 할 점이 있어. 단일 성분 파스에 들어 있는 엔세이드 성분은 천식 발작을 일으

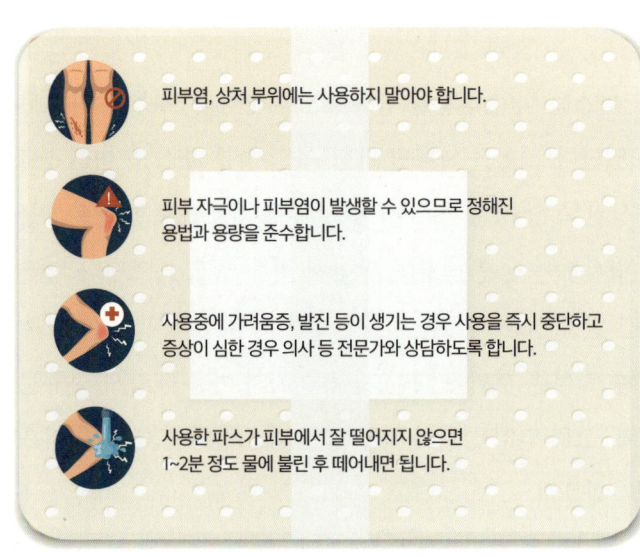

파스 사용시 주의사항

킬 수 있단다. 그래서 이전에 천식을 앓은 적이 있다면 이런 성분을 가진 파스를 사용하지 않아야 해. 또 케토프로펜 성분 파스를 쓰는 경우에는 파스 붙인 부위에 빛을 받으면 피부 발진이 일어날 수 있어. 그래서 파스를 사용하고 있을 때나 사용하고 나서 2주까지는 옷이나 자외선 차단제 등으로 사용 부위를 가려서 자외선에 노출되지 않도록 해야 해. 그리고 어린이는 되도록 파스를 쓰지 않는 게 좋아. 케토프로펜과 피록시캄은 각각 만 15세 미만 어린이와 만 14세 미만 어린이에게서 약물 과민 반응이 일어날 수 있다고 알려져 있기 때문이지.

복합 성분 파스는 '핫파스'와 '쿨파스'로 나눌 수 있어. 이름에서부터 알 수 있듯이, 핫파스는 따뜻하게 해주는 온찜질 효과를, 쿨파스는 시원하게 해주는 냉찜질 효과를 내는 파스야. 먼저 핫파스에는 고추의 매운 성분인 '캡사이신'이나 '노닐산바닐아미드' 같은 성분이 들어 있단다. 그래서 붙이면 피부에 후끈후끈한 느낌을 주지. 핫파스는 혈액 순환을 좋게 해주고 통증을 완화시키기 때문에 오랫동안 아픈 부위에 쓰면 효과가 좋아. 반면 쿨파스는 멘톨, 박하유, 캄파 같은 성분이 들어 있어서 붙이면 차가운 느낌을 준단다. 피부 아래의 혈관이 수축되어서 냉찜질하는 효과가 있지. 갑자기 발목을 삐거나 타박상을 입어서 통증과 붓기가 있는 경우에 많이 쓴단다.

쿨파스나 핫파스는 실제로 뜨겁거나 차갑도록 온도를 조절하는 건 아니란다. 피부에 그런 '느낌'만 주는 거야. 이렇게 차갑거나 뜨거운 느낌을 피부에 주면, 원래 느끼던 고통이 없어지는 듯한 효과를 내지. 이런 약을 '반대자극제'라고 한단다. 통증을 느끼는 건 그 부위에서 뇌에 보내는 신호 때문이야. 그 부위에서 뜨겁거나 차가운 신호가 동시에 가면 뇌가 헷갈려서 아픈 신호를 잘 받지 못하는 거지. 그래서 고통을 잊고 계속 신체 활동을 이어나갈 수 있게 하는 거야. 하지만 그렇다고 해서 고통의 원인까지 없어진 건 아니지.

파스를 쓸 때 몇 가지 주의할 점이 있어. 먼저 파스가 통증의 원인을 해결하는 약이 아니라는 걸 꼭 기억해야 해. 파스를 붙이고도 통증이 일주일 이상 오래 지속되는 경우에는 반드시 병원에 가서 진료를 받고 필요한 치료를 받아야 해. 그리고 파스 붙인 피부를 잘 관찰해서, 피부 발진이나 알러지가 생기는 것 같으면 즉시 떼어내야 한단다. 핫파스 같은 경우 파스 붙인 곳에 고온 자극을 주면 피부에 화상을 입을 수 있으니 주의해야 하고 말이야. 파스를 떼면서 피부 손상을 입을 수 있으니, 가까운 피부를 눌러주면서 천천히 떼고, 너무 단단히 붙어서 떨어지지 않으면 1~2분 정도 물에 불린 후 떼어해.

몸과 마음의 고통에 근본적인 치료약을 찾는다면

나이 들도록 오래 사용한 근육과 관절에 생기는 통증은 쉽게 낫기 힘들지. 이렇게 일상 속에 스며든 고통을 떨치기 힘들 때 파스를 찾게 돼. 어떤 파스는 통증과 염증을 없애주고 또 어떤 파스는 따뜻하거나 시원하게 찜질해서 고통을 잊을 수 있게 해주지. 엄마가 지내보니 가끔 우리가 살아가는 데 파스와 같은 방법이 도움이 되기도 한단다. 새로운 자극으로 기존의 고통을 잊는 방법 말이야.

엄마도 어른이 되고선 아픈 마음을 달래기 위해 일부러 다른 고통을 주기도 했단다. 이게 무슨 말이냐고? 엄마가 20대 초반에 좋아하던 사람과 인연이 이어지지 않아서 마음이 아팠던 적이 있었어. 그때 엄마는 마음의 고통을 잊으려고 일부러 쓴 에스프레소를 사서 마시고, 발이 불편한 정도로 높은 구두를 신고 혼자 오래 걷기도 했단다. 속이 쓰리고 발뒤꿈치는 온통 다 까졌지만, 그렇게 몸이 겪는 고통이 마음에 난 상처를 잠시 잊게 해주었지. 지금은 다 지나간 추억이지만, 그때는 왜 그렇게 심각했던지!

물론 이런 방법은 근본적인 해결책이 아니야. 마음의 상처를 완전히 치유하려면 시간이 필요해. 마치 관절이 아플 때 파스로 잠시 통증을 덜 수 있지만, 통증이 오래 가면 병원에 가서 원인을 찾고 제대로 된 치료를 받아야 하는 것과 같지.

때때로 생기는 마음의 상처를 치료하기 위해 시간을 잘 보내는 현명한 방법은, 시간 가는 줄 모르고 즐겁고 재미있게 지내는 것이야. 그런 것들을 찾아서 직접 해보는 거지. 참고로 엄마가 시도해본 방법 중에 가장 효과가 좋았던 건, 좋은 향기가 나는 따뜻한 물에 몸을 씻고 웃긴 영화를 보면서 맛있는 떡볶이를 먹는 것이었지.

참고자료

1) 파스사용법 간편한 파스, 올바르게 사용하자 [식약처와 함께 하는 올바른 약 이야기 10]
2) 내 약 사용설명서, 이지현(세상풍경)

5

살면서 늘 함께할 너에게

21

먹은 것이 탈 났을 때, 소화제

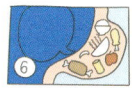

음식도 생각도 온전히 '내 것'으로 만들기 위해

"서윤아, 방금 밥 먹었는데, 그걸 또 먹어?"

"나 아직 배 안 부른데. 이거 더 먹을래."

방금 고기 구워서 저녁밥을 웬만큼 먹은 것 같은데, 다시 시리얼 봉지를 끌어안고 우적우적 시리얼을 먹는 너. 한창 크는 나이라 그런지 밥을 먹고 돌아서면 배가 다시 고픈 모양이야. 계속해서 뭔가를 먹으니 서윤이 몸의 소화기관은 쉴 틈이 없이 열심히 일하고 있을 거야. 서윤이가 음식을 먹으면 입, 식도, 위, 십이지장, 소장, 대장까지 힘을 합쳐 음식을 잘게 부수고, 필요한 영양소로 바꾸기 위해 움직인단다. 이렇게 만들어진 영양소는 온몸을 돌아다니며 너의 몸을 키우거나 에너지를 만들어주지.

서윤이도 알고 있듯이 우리는 음식을 먹어야만 살아갈 수 있어. 입을 통해 들어온 음식은 몸속에서 여러 과정을 거치며 잘게 부서지지. 입의 저작운동(씹는 운동), 위장의 연동운동(꿈틀거리는 운동)과 소화효소가 함께 힘을 합치면 음식이 아주아주 작게 쪼개진단다. 그런 다음 마침내 세포에 흡수될 정도로 작은 영양소가 되면, 혈액을 타고 온몸으로 퍼지며 우리 몸이 필요로 하는 여러 가지 일을 하게 되는 거야. 이 과정을 '소화'라고 한단다.

소화는 마치 커다란 레고 작품을 하나하나 작은 부품으로 쪼개는 것과 같아. 그렇게 분해된 레고 조각이 새로운 작품을 만드는 재료가 되는 것처럼, 영양소도 몸속에서 세포의 에너지원이 되거나 우리 몸 일부가 되는 데 쓰이지.

우리 몸 곳곳으로 보낼 영양소들을 나누는 곳

하지만 가끔 소화에 문제가 생길 때가 있는데, 이걸 '소화불량'이라고 해. 소화불량은 음식이 잘게 쪼개지지 않거나, 소화효소와 잘 섞이지 않거나, 몸이 영양소를 잘 흡수하지 못하는 상태를 말해. 그래서 속이 더부룩하거나 구역질이 나고, 트림이 자주 나오거나 속이 쓰리고 뱃속에 가스가 차서 빵빵해지는 느낌을 받지. 소화불량은 스트레스 때문에 생기는 경우가 많아. 스트레스를 받으면 교감신경이 활성화되어서 위장의 운동이 둔해지고, 소화효

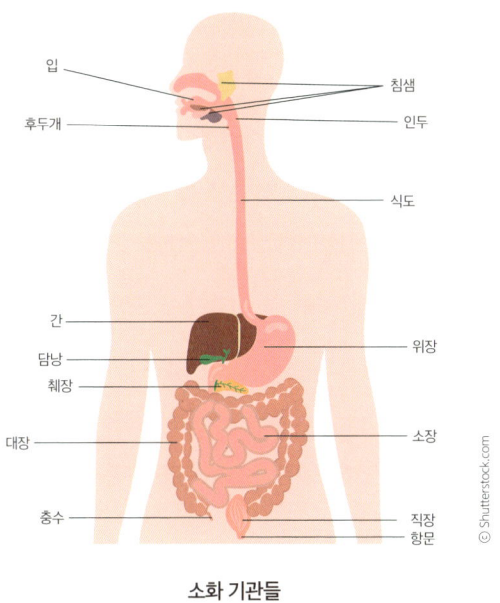

소화 기관들

소나 위산 분비도 줄어들거든. 그러면 음식이 잘 분해되지 않고 소화가 어려워지는 거지.

　이럴 때 도움이 되는 게 바로 소화제야. 약국에서 가장 많이 팔리는 약 중 하나가 바로 소화제란다. 대표적인 종류로는 소화효소제, 위장관 운동 촉진제, 가스제거제, 제산제, 이담제가 있어. 이름만 들어도 대략 어떤 역할을 할지 짐작이 가지? 그럼 소화제 종류를 하나씩 설명해볼게.

　먼저 소화효소제가 있어. 소화효소제는 우리가 섭취한 음식을 직접 분해하는 데 필요한 소화효소를 담고 있지. 우리 몸에 가장 많이 필요한 영양소가 탄수화물과 지방, 그리고 단백질 세 가지인 건 알고 있지? 소화효소는 이 영양소를 분해하는 역할에 따라 나뉜단다. 아밀레이스(amylase)는 탄수화물을, 펩신과 트립신은 단백질을, 라이페이스(lipase)는 지방을 분해해. 소화효소제는 동물, 식물, 또는 곰팡이로부터 소화효소를 추출해서 만들지. 예를 들어, 돼지의 췌장에서 얻는 '판크레아틴'과 누룩곰팡이를 배양해서 얻은 '비오디아스타제'에는 아밀레이스, 트립신, 라이페이스가 모두 들어 있어. 그래서 탄수화물, 단백질, 지방을 모두 소화시킬 수 있지. 소화효소제는 다른 소화제 성분과 함께 사용되는 경우가 많단다. 여러 성분을 함께 쓰면 음식이 더 빨리 분해되어 소화가 원활해지거든.

다음으로 위장관 운동 촉진제가 있어. 말 그대로 위와 장이 더 열심히 움직이도록 자극하는 약이야. 위와 장이 더 활발히 움직이면 그 안에 들어 있는 음식물도 더 잘 소화되겠지? 위장관 운동 촉진제는 위장에 연결된 신경에 자극을 주는 신경전달물질(주로 '도파민'이나 '세로토닌')을 조절해 위와 장을 자극한단다. 신경전달물질은 종류에 따라 위장 운동을 느리게 하기도 하고 활발하게 하기도 해. 위장관 운동 촉진제는 이런 신경전달물질의 역할을 억제하거나 촉진해서 소화가 잘되게 한단다. 마치 팔다리에 줄이 연결된 마리오네트 인형이 더 활발하게 움직이도록 줄을 이리저리 많이 움직이는 것과 비슷하지.

또 다른 소화제 성분으로는 가스제거제가 있단다. 음식을 소화시키면서 생긴 가스가 뱃속에 가득 차면 괜히 배가 빵빵해져서 불편하겠지? 이렇게 생긴 가스를 모아서 몸 밖으로 내보내는 성분이 가스제거제야. 가스제거제는 계면활성제 역할을 해서 작은 공기방울을 뭉쳐 큰 공기방울이 되도록 도와주지. 그러면 가스가 몸 밖으로 더 쉽게 배출되어서 답답했던 속이 한결 편해질 수 있지.

그리고 위산을 중화시켜 주는 제산제가 있어. '위산'은 우리 위에서 나오는 강한 산이야. 위산은 음식 속 단백질을 소화시키는 데 도움을 주고, 음식과 함께 우리 몸에 들어온 균도 죽이는 역할을 해. 건강한 위에서는 위산이 있어도 위 점막이 손상되지 않도록 방어하는 물질이 나온단다. 그런데 위산이 너무 많이 나오거나 위 점막을 방어하는 물질이 제대로 나오지 않을 때가 있어. 특히 자극적인 음식을 먹어서 점막이 손상되었거나 스트레스를 받는 경우지. 그러면 위산이 점막을 자극해서 속이 아프고 쓰리게 돼. 제산제는 이 위산을 중화시키도록, 산과 반대되는 성질을 가진 염기성 물질이란다. 위산을 약하게 해서 속쓰린 증상을 완화해주지.

마지막으로 이담제가 있단다. 담즙 분비나 담즙 배출을 촉진하는 약이야. 담즙은 간에서 만들어져서 담낭에 저장되어 있다가 음식이 몸에 들어오기 시작하면 소장으로 분비되는데, 음식물의 지방 성분이 소화효소와 잘 섞이게 해주지. 이담제는 간기능이 떨어져서 담즙 분비가 부족해 생긴 소화불량에 사용해.

엄마가 말한 소화제는 모두 일반적인 소화불량 증상에 사용하는 약이야. 만약 소화제를 복용해도 증상이 2주 이상 지속된다면,

이건 단순한 소화불량이 아니라 다른 질병 때문일 수 있으니 꼭 병원에 가봐야 하지.

내가 해온 생각과 경험을
천천히 음미하는 시간 속에서

소화불량을 예방하려면 생활습관을 올바르게 갖는 것도 중요해. 음식을 씹을 때는 침과 잘 섞이고 잘게 잘릴 수 있도록 30번 이상 잘 씹고, 너무 맵거나 뜨거운 자극적인 음식을 피해야 하지. 또 식사를 규칙적으로 해서 소화기관들이 정해진 시간에만 일하게 해야 해. 그리고 무엇보다 평소에 스트레스를 덜 받는 것도 중요하단다. 식사할 때만큼은 다른 걱정을 접어두고 눈 앞의 음식을 즐기는 데 집중하는 게 좋아.

요즘 서윤이가 식욕이 왕성해져서 잘 먹는 걸 보니 몸이 부쩍 더 자라날 준비를 하는구나 싶더라. 몸이 자라는 것처럼 앞으로 더 많은 걸 배우고, 많은 일을 경험하면서 생각과 마음도 커지게 될 거야. 그런데 그렇게 쌓이는 생각과 경험은 그 자체로는 완성된 게 아니란다. 중요한 건 그걸 어떻게 소화해서 너만의 생각으로 만드느냐야. 마치 음식을 먹고 소화시켜 영양소를 얻어야만 우리 몸의 필요한 곳에 쓸 수 있는 것처럼 말이야.

살면서 누군가의 말에 휩쓸리거나 상황에 따라 마음먹었던 것이 흔들리기 쉬운데, 그러지 않으려면 서윤이 안에 단단한 기준이 있어야 해. 그 기준은 그냥 생기지 않아. 배운 것과 겪은 일들을 곱씹고, 다시 생각해보고, 네 언어로 정리하는 과정을 통해 생기지. 그게 바로 '생각의 소화'야.

생각을 소화시키는 엄마의 방법은, 하루를 돌아보며 짧은 일기를 쓰는 거야. 꼭 길게 쓰는 일기가 아니어도 괜찮아. 짧게 메모를 남기거나, 스스로에게 질문을 던져보는 것도 좋은 방법이지. 특히 바쁘고 정신없는 하루를 보내고 나면 이런 '생각의 소화제'가 더 필요하더라. 급하게 많이 먹은 음식을 소화시킬 때 소화제가 필요한 것처럼 말이야.

중요한 건, 서윤이 안에 쌓인 것들을 흘려보내지 않고 너만의 생각으로 만들어보려는 그 시도란다. 그렇게 정리한 서윤이만의 생각은, 서윤이의 말과 생각이 되어 어떻게 하면 서윤이답게 잘 살 수 있을지 분명하게 알려줄 거야. 잘 소화시킨 생각들 덕에 마음이 깊고 단단한 사람으로 성장할 서윤이를 엄마는 기대하고 있단다.

참고자료

1) 약학정보원 약물대백과, 소화제, 소화효소제
2) 헬스조선 기사, 2017.2.28., "은근히 괴로운 소화불량 이기는 법"

22

세균 감염을 막을 때, 항생제

뛰는 우리들 위에 '그들'이 날아다니는 걸 막으려면

　서윤아, 얼마 전에 감기에 걸려서 병원에서 처방받아 약을 먹은 적이 있지? 서윤이가 나이를 한 살 더 먹었지만 환절기 감기는 역시 피해 가질 못했네. 목이 아프고 열이 나면서 연신 심하게 기침을 쿨럭거려서 결국 우린 동네 소아과 병원을 찾았지. 여러 가지 약을 처방받았는데, 그중 하나가 항생제였어. 처방받은 약봉지에 '세팔로스포린계 항생제'라는 설명과 함께, '세균에 의한 각종 감염증 치료'라는 약의 효과가 적혀 있었지.

　항생제가 뭘까? 항생제는 세균 감염을 막기 위해 세균을 죽이거나 성장을 막는 약을 말해. 사람에게는 별 영향이 없지만 세균에게는 치명적이지. 우리 몸은 수많은 세균에 둘러싸여 있는데,

이들은 호시탐탐 우리 몸에 침투해 영역을 넓히려고 기회를 엿보고 있어. 하지만 우리 몸은 각종 면역체계가 늘 삼엄한 경계를 하고 있어서, 세균으로부터 우리를 24시간 철저히 지키고 있단다.

그런데 가끔 이 면역체계가 손상될 때가 있어. 예를 들어 넘어져 피부에 상처가 생기는 것처럼 말이야. 그러면 세균이 '이때다!' 하고 피부 안쪽으로 우르르 들어오게 되지. 면역세포가 용감히 맞서 싸우지만 역부족일 때가 가끔 있어. 그럴 때는 세균이 우리 몸에서 실컷 증식하면서 파티를 열기 전에 항생제를 써야 해.

항생제는 세균을 어떻게 잡을까? 〈톰과 제리〉 같은 만화에서 톰이 들고 다니는 망치 같은 걸로 세균도 때려잡을 수 있다면 참 좋겠지? 하지만 아쉽게도 세균은 눈에 보이지 않을 만큼 작아서, 무기도 무척 작아야 한단다. 눈에 보이지 않는 화학의 세계에서 통하는 '분자' 크기의 무기가 필요하지. 그게 바로 항생제란다.

정원의 잡초를 없애는 제초제처럼

항생제는 '세균과 인간이 어떻게 다른가'에 초점을 맞추어 만든 약이야. 세균에게는 치명적이지만 인간에게는 아무런 해가 없도록 설계된 약이지. 세균과 인간은 많은 점이 다르단다. 가장 크게 다른 점은 몸을 이루는 세포의 개수지. 세균은 단 하나의 세포로만 이루어져 있지만 인간의 몸은 여러 개의 세포가 모여 조직과

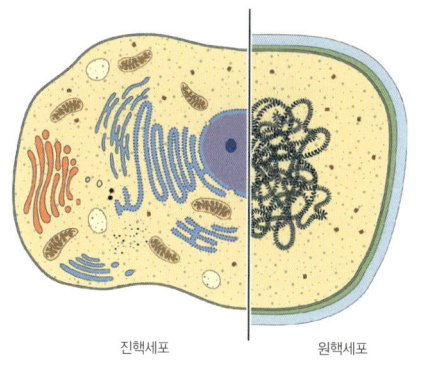

진핵세포 원핵세포

기관을 이루고 그 안에서 서로 도와가며 일하고 있어.

　세포 안을 들여다보면 차이점을 더 발견할 수 있어. 세균은 '원핵세포'지만, 우리 몸의 세포는 '진핵세포'이기 때문이야. 진핵세포 안에는 '핵'이 갖추어져 있고 유전물질이 그 핵 안에 잘 정돈되어 들어 있지. 또 세포 안에는 각각의 기능을 갖춘 세포 소기관들도 있어. 하지만 원핵세포는 그렇지 않아. 원핵세포는 핵 대신 유전물질이 세포 내에 아무렇게나 풀어져 있고, 세포 소기관도 갖춰져 있지 않단다. 그래서 세포가 살아가는 데 꼭 필요한 대사 기능도 진핵세포와 원핵세포가 많이 다르지. 항생제는 이런 세균세포만의 특징을 겨냥해 만들었어. 그래서 사람에게나 동물에게는 별 영향을 주지 않으면서 세균세포가 정상적으로 살아가거나 증식하지 못하게 한단다. 그럼 어떻게 항생제가 세균을 잡는지에 대해 좀 더 자세히 얘기해볼게.

　항생제는 크게 다섯 가지로 나눌 수 있단다. 어떻게 세균을 잡는지에 따라 세포벽 합성 억제제, 세포막 기능 억제제, 단백질 합성 억제제, 핵산 합성 억제제, 그리고 엽산 합성 억제제로 나눌 수 있지. 이름에서 짐작할 수 있듯이 항생제는 세균이 살아가는 데 꼭 필요한 각종 기능을 억제해. 그러면서도 사람의 세포에는 별 영향을 주지 않지. 마치 정원에서 잡초만 없애도록 제초제를 사용하는 것처럼 항생제는 세균만을 골라 없앤단다. 그럼 각 항생제에 대해 좀 더 자세히 들려줄게.

먼저 세포벽 합성 억제제는 세균세포를 지지하는 세포벽을 만들지 못하게 해. 세포벽은 세균세포의 모양을 유지하고, 내부가 삼투압에 의해 부서지지 않게 지지해주거든. 사람을 비롯한 동물 세포에는 세포벽이 없지만 세균세포에는 세포벽이 있어. 세균이 세포벽을 만들지 못하면 자신의 형태를 유지할 수 없어서 결국 죽게 되지.

또 단백질 합성 억제제가 있어. 사람도 몸에서 필요한 각종 단백질을 만들어 사용하듯이 세균도 세포 내에서 단백질을 만든단다. 단백질 합성은 '리보솜(ribosome)'이라고 하는 세포소기관이 담당하는데, 세균의 리보솜은 사람 세포와 다르게 생겼어. 항생제는 세균의 리보솜만 억제해서 세균이 단백질을 만들지 못하게 하지. 그러면 세균은 살아가는 데 필요한 단백질을 만들어내지 못해 죽게 된단다.

그리고 핵산 합성 억제제도 있어. 세균이 DNA나 RNA 같은 핵산을 만들지 못하도록 억제해서 세균의 증식을 막는 거야. 사람의 몸도 세포 분열을 위해서는 핵산 합성이 꼭 필요한 것처럼, 세균도 마찬가지로 증식하려면 핵산을 만들어 사용해야 하거든. 세균이 핵산을 합성하는 데 필요한 효소를 만들지 못하게 해서 세균이 증식할 수 없도록 하는 거지.

또 세포막 기능 억제제가 있단다. 세균은 세포벽 안쪽에 세포막도 가지고 있거든. 세포막은 세균세포 안의 영양분과 대사물이 일정한 농도를 유지하도록 외부로부터 보호하고, 필요한 물질을 선택적으로 출입시키는 통로 역할도 하지. 세포막 기능 억제제는 이 세포막을 파괴해서 세균을 죽게 한단다. 이 경우에도 세균과 사람 세포의 세포막이 다르게 생겼기 때문에 인체에는 큰 영향 없이 세균만 죽일 수 있지.

마지막으로, 엽산 합성 억제제가 있어. 엽산은 세균이 핵산을 합성하는 데 꼭 필요한 물질이거든. 사람은 자체적으로 엽산을 만들지 않고 음식을 통해 섭취하지만 세균은 스스로 엽산을 만들어 내서 사용하는 특징이 있어. 엽산 합성 억제제는 이 과정을 방해해서 세균이 살지 못하게 하지.

이렇게 다양한 항생제가 있어서 우리가 세균과 싸워야 할 때 필요한 것을 골라서 쓸 수 있단다. 그런데 항생제를 쓸 때 주의할 점이 있어. 바로 '내성'이야. 항생제를 잘못 쓰면 세균이 항생제에 살아남고 적응하기 때문에 더이상 항생제를 투여해도 세균을 잡지 못할 수 있단다. 어떤 항생제로도 죽이지 못하는 세균을 '슈퍼박테리아'라고 해. 세균과 수시로 싸워야 하는 인간 입장에서는 무시무시한 존재지. 같은 종류의 항생제를 여러 번 사용하거나, 처방된 양을 지키지 않고 중간에 복용을 멈추면 이런 내성이 생길 가능성이 커진단다. 그러면 같은 항생제를 다시 써도 균을 죽이는 효과가 없을 수 있어.

항생제는 꼭 필요한 만큼만, 기간을 지켜서 쓰자

서윤이가 감기에 걸렸을 때 처방받은 '세팔로스포린계 항생제'를 쓸 때 엄마도 주의를 했지. 엄마는 서윤이가 열이 조금 내리고 증상이 나아졌다고 해서 약을 중간에 멈추지 않고, 처방받은 약을 끝까지 간격을 지켜 복용할 수 있도록 신경을 썼단다. 왜냐하면 증상이 나아져도 항생제는 끝까지 복용해야만 남은 세균까지 완전히 죽일 수 있으니까 말이야. 찔끔 복용하다가 복용을 멈추면 시름시름 죽어가던 세균도 다시 살아나서 더 강해질 수 있거든. 그렇게 서윤이가 약을 끝까지 다 먹은 덕분에 균을 완전히 물리칠 수 있었지.

눈에 보이지도 않을 정도로 작고, 온몸이 세포 하나로만 이루어진 하찮은 세균과의 싸움이 생각보다 어려운 일이지? 우리 인간은 항생제를 발견하고 개발해서 세균과의 싸움에서 이기는 듯 보였지만, 어느새 세균도 내성이라는 방패로 맞서고 있으니 말이야. 그래서 아직도 세균과의 싸움은 끝나지 않은 현재진행형이지.

인류가 항생제를 개발하고 사용하면서 균을 잡으려고 애쓰는 동안, 세균은 그보다 한발 앞서 도망가면서 힘을 키우고 있으니까.

하지만 서윤아, 싸움에서 이기는 방법은 있어. 마치 불을 잘 다스려 음식을 만들고 집을 따뜻하게 하는 것처럼, 우리가 가진 항생제라는 무기를 현명하게 잘 사용하면 돼. 항생제를 필요한 순간에만 정확히 사용하는 게 핵심이지. 과도하게 사용하면 내성이 생기고, 우리에게 불리한 싸움이 될 수밖에 없다는 걸 기억하면서 말이야. 항생제는 우리가 가진 '필살기'이니, 그 힘을 적절한 때에만 사용해야 해. 마치 적의 급소를 공격하는 마지막 한 방처럼 말이지. 그래야만 앞으로도 오래오래 효과적으로 세균과 싸워 이길 수 있단다.

참고자료

1) 약학정보원 약물백과, 항균제
2) 항생물질학 강의자료, 한동대학교 곽진환
3) 위키피디아, 세균
4) 질병관리청 국가건강정보포털, 항생제

23

반갑지 않은 손님 내보내는 법, 구충제

우리 삶에도 정기적인 청소가 필요해

얼마 전 엄마랑 서윤이가 단골 약국에 들렀을 때, 약사님이 말씀하셨지.

"구충제 드실 때 안 되셨어요?"

아 맞다, 구충제. 1년에 두 번씩은 꼭 챙겨 복용하는 구충제를 깜박하고 있었는데, 약사님이 잊지 않고 챙겨 주신 덕분에 때를 놓치지 않고 우리 가족이 구충제를 복용할 수 있었어. 구충제는 우리 몸속에 들어와 자리 잡고 사는 기생충을 없애기 위한 약이란다.

'기생충'은 서윤이도 들어봤을 거야. 몇 년 전 상영된 유명한 영화의 제목이기도 하지. 기생충은 초대하지도 않았는데 우리 몸속에 몰래 들어와 자리를 잡고 영양분을 빼앗아 가는 아주 무례한 손님이지. 처음에는 티가 잘 안 나지만, 시간이 지나면서 우리 건강을 서서히 갉아먹는단다. 기생충은 우리가 먹는 음식이나 물을 통해 몸에 들어올 수 있어. 특히 덜 익힌 채소, 생선, 고기 등을 먹었을 때 감염될 가능성이 크단다.

기생충이 우리 몸에 들어와 자리를 잡으면 영양소를 빼앗아 가고 기운을 떨어뜨릴 수 있고, 체중 감소, 피로감, 빈혈, 복부 통증 같은 증상도 서서히 나타날 수 있지. 특히 어린아이들이 기생충에 감염되면 성장에 나쁜 영향을 줄 수 있단다. 그래서 기생충을 없애는 것이 중요한데, 이를 위해 사용하는 약이 바로 구충제란다.

인사도 없이 우리 몸에 침입한 무례한 손님

약국에서 구할 수 있는 구충제에는 '알벤다졸', '메벤다졸', 그리고 '플루벤다졸' 같은 성분이 들어 있단다. 이 성분들은 기생충이 몸속에서 포도당을 흡수하는 것을 방해하는 역할을 해. 에너지 공급이 차단되니 기생충은 굶어 죽게 되는 거지. 이 약들은 사람 몸에는 흡수되지 않아서, 사람의 포도당 흡수에는 별 영향을 미치지 않아. 그래서 기생충만을 골라 죽일 수 있는 거란다. 알벤다졸과 메벤다졸은 주로 회충, 요충, 십이지장충 등과 같은 선충류에 감염되었을 때 쓰는 약이야. 반면 플루벤다졸은 회충이나 편충 같은 기생충을 효과적으로 제거해주지. 플루벤다졸은 처음엔 주로 동물용 구충제로 알려져 있었지만, 지금은 사람에게도 사용되고 있단다.

그리고 약국에서는 구할 수 없고 병원에서 처방받아야만 구할 수 있는 구충제도 있단다. '프라지콴텔'이라는 구충제야. 프라지콴텔은 조충과 흡충이라는 기생충에 감염되었을 때 사용하는 약이야. 기생충의 조직을 수축시키고 마비를 일으켜 기생충을 잡는다고 알려져 있지.

구충제를 복용할 때는 6개월에 한 번, 1년에 두 번 정도 복용하는 것이 적당해. 너무 자주 복용하면 간에 부담을 주거나 두통 같은 부작용이 생길 수 있단다. 구충제는 기생충에 감염되는 걸 예방하기 위한 약이 아니라 이미 몸에 들어온 기생충을 없애기 위한 약이거든. 그래서 구충제를 너무 자주 복용할 필요는 없어.

엄마가 앞에서 항생제에 대해 이야기했었지? 항생제와 구충제는 어떻게 다른 걸까? 두 약은 '어떤 생물을 타깃으로 하는지'가 다르단다. 항생제는 미생물의 일종인 세균을, 구충제는 기생충과 같은 더 복잡한 생명체를 타깃으로 하지. 그리고 항생제는 감염된 부위에서 세균의 증식을 억제하거나 죽이는 역할을 하지만, 구충제는 기생충의 대사 과정을 방해해 죽게 만들어. 즉 항생제는 세균 감염이 있을 때 필요한 약이고, 구충제는 기생충 감염이 의심

될 때 정기적으로 복용해야 하는 약이라는 점에서 다르단다.

약 50년 전만 해도 우리나라는 전체 인구 중 기생충 감염률이 80%가 넘을 정도로 심각했어. 위생 수준이 낮고 농사를 지을 때 거름으로 분뇨를 쓰던 방식 때문이었지. 특히 편충과 회충에 감염되는 사례가 흔했다고 해. 하지만 지금은 위생에 대한 인식이 크게 높아졌고, 농작물의 거름으로 화학비료가 쓰이면서 기생충 감염률도 현저히 낮아졌지.

그럼에도 여전히 지금도 구충제를 정기적으로 복용하는 것이 중요하단다. 덜 익힌 생선이나 고기, 채소를 먹거나, 야외 활동을 하다 보면 기생충이 몸속으로 들어올 수 있기 때문이야. 특히 반려동물과 함께 사는 집에서는 반려동물을 통해서도 감염될 수 있으니 구충제를 챙겨 복용하는 게 좋아. 특히 기생충에 감염되어도 초기에는 별다른 증상이 없어서 감염 사실을 모른 채 지낼 수 있는데, 이때 가족 중 한 명이 감염되었어도 가족 전체에 퍼질 수 있어서 가족이 다 같이 정기적으로 구충제를 복용하는 것이 필요하지. 구충제는 간단하게 복용할 수 있고 부작용도 거의 없어서, 6개월에 한 번 챙겨 복용하는 것만으로도 건강을 지키는 데 큰 도움이 된단다.

가끔 마음속 대청소의 시간도 만들어보자

 약 먹는 걸 별로 좋아하지 않는 서윤이는 엄마가 준 구충제를 먹으며 도대체 이 약은 왜 먹어야 하는 거냐고 투덜댔지. 하지만 1년에 두 번 구충제를 복용하는 것은 마치 우리 몸을 청소하는 것과도 같은, 꼭 필요한 일이란다. 우리가 평소 집에서 소소한 정리와 청소를 하지만, 날을 잡아 마음먹고 하는 대청소도 필요하잖아. 정기적으로 구충제를 복용하는 건, 그런 대청소와 비슷하지. 자주 할 필요는 없지만 그래도 1년에 두 차례씩은 우리 몸을 기생충으로부터 깨끗하게 해줄 필요가 있단다.

 우리 몸에 기생충 같은 반갑지 않은 손님이 찾아올 수 있는 것처럼, 우리 일상에도 그런 원치 않는 손님이 우리도 모르는 사이에 찾아오곤 해. 부정적인 생각이나 나쁜 감정이 마치 기생충이 몸속에 들어와 영양분을 빼앗듯이 에너지를 빼앗기도 하지. 처음에는 별로 티가 나지 않지만, 시간이 지날수록 마음을 어둡고 무겁게 한단다.

 그래서 우리 마음속에 들어온 나쁜 손님도 정기적으로 내보내는 시간이 필요해. 그럴 땐 엄마는 엄마가 좋아하는 사람들과 전화로 이야기를 나누면서 마음을 정리하고 쌓인 감정을 풀곤 한단다. 자주는 아니지만 살다 보면 가끔은 이런 시간이 꼭 필요하지. 그리고 요즘엔 부쩍 성장한 서윤이와 대화를 나누는 것도 엄마에게 많은 도움이 되고 있어. 서윤이가 엄마 말을 잘 들어주고 때론 서윤이만의 멋진 해결책도 제시해주니 엄마는 아주 든든해. 이런 대화는 마치 구충제를 먹고 몸속의 기생충을 내보내는 것처럼 우리 마음을 깨끗하게 정리해주지.

서윤이도 마음속에 들어온 나쁜 감정이나 생각을 주기적으로 털어내야 한다는 걸 기억했으면 해. 서윤이가 엄마에게 도움이 되어주는 것처럼, 엄마도 언제든지 서윤이 얘기를 들어주면서 '마음의 대청소'를 도와줄 준비가 되어 있다는 걸 기억해주렴.

참고자료

1) 약학정보원 약물백과, 구충제
2) 질병관리청 역학·관리보고서, 임상감염사례를 통한 국내 기생충질환 발생 현황
3) 국민건강보험공단 블로그, 기생충 감염의 증상과 기생충 감염 예방

24

불포화지방산을 보충할 때, 오메가-3

매일 조금씩 쌓으면 얻을 수 있는 것

서윤아, 며칠 전 우리 가족은 모처럼 할머니, 할아버지와 같이 외식을 했지. 온 가족이 모여 함께 삼겹살을 구워 먹었는데, 서윤이도 아주 맛있게 잘 먹더라. 서윤이는 몸이 쑥쑥 크는 중이라 고기도 많이 당기는 모양이야. 서윤이뿐 아니라 엄마와 아빠도 맛있게 많이 먹었지. 그날 좀 과식을 했더니, 나중에는 '좀 덜 먹을 걸' 하고 후회가 되더라고. 어른들은 그렇게까지 고기를 많이 먹는 게 건강에 좋지 않거든. 오히려 좀 적게 먹는 것이 건강을 유지하는 길이지.

특히 돼지고기나 소고기 같은 붉은 고기에는 '포화지방산'이 많이 들어 있어. 고기를 먹을 땐 참 고소하고 맛있지만 너무 많이

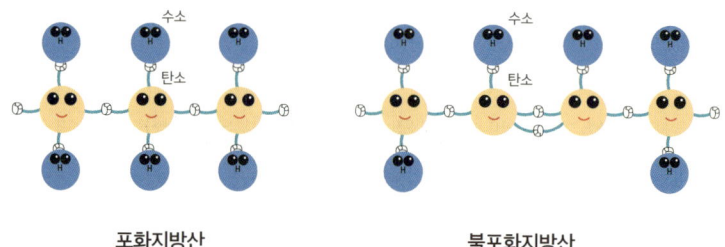

포화지방산 　　　　　 불포화지방산

먹으면 포화지방산 때문에 혈액 순환이 나빠지고 몸 곳곳에 염증이 생길 수 있지. 심하면 심혈관질환이나 뇌졸중 같은 심각한 병에 걸릴 위험이 높아지고 말이야. 그래서 건강을 생각한다면 돼지고기나 소고기보다는 생선이나 견과류를 통해 지방을 섭취하는 게 좋아.

　붉은 고기에 들어 있는 '포화지방산'이 뭘까? 포화지방산을 이해하려면 먼저 '지방'에 대해 알아야 해. 지방은 탄수화물, 단백질과 함께 우리 몸에 꼭 필요한 영양소 중 하나야. 지방은 '지방산'과 '글리세롤'이라고 하는 물질로 구성돼 있지. 보통 글리세롤 하나에 길쭉한 지방산 세 개가 붙어 있는 모양이야. 이 지방산이 어떤 모습을 하고 있느냐에 따라 포화지방산과 불포화지방산으로 나뉜단다.

뻑뻑해진 기계가 잘 돌아가게 하는 윤활유처럼

포화지방산과 불포화지방산이 어떻게 다른지 좀 더 자세히 얘기해볼게. 앞에서 엄마가 지방산이 길쭉한 모양이라고 했지? 지방산이 길쭉한 이유는 탄소가 길게 연결되어 있기 때문이야. 마치 구슬을 길게 실에 꿴 것처럼 말이야. 이 탄소 구슬은 팔이 네 개씩 달려 있어. 양쪽으로는 탄소끼리 손을 잡고 남은 두 손으로는 수소 두 개의 손을 각각 잡고 있지. 탄소가 뭔가 더 잡을 손이 남지 않은 이 상태를 '포화'(가득 찼다는 뜻)되었다고 해. 그리고 이렇게 생긴 지방산을 '포화지방산'이라고 불러.

그런데 어떤 지방산은 탄소끼리 손을 한 번이 아니라 두 번 잡고 있거든. 그 대신 수소는 두 개가 아니라 하나를 잡고 있지. 이렇게 탄소끼리 두 손을 잡은 상태를 '불포화'(덜 찼다는 뜻)되었다고 해. 그리고 이런 불포화 탄소가 들어 있는 지방산을 '불포화지방산'이라고 한단다. 또 이렇게 탄소끼리 두 손을 맞잡은 모습을 '이중결합'(탄소끼리 '두 번 결합'했다는 뜻)이라고 부르지.

엄마가 오늘 이야기하려고 하는 건 '오메가-3 지방산'이란다. 불포화지방산의 일종인 '오메가-3 지방산'은 지방산 맨 끝의 세 번째와 네 번째 탄소 구슬이 두 손을 맞잡고 있지. 혹시 엄마와 아빠가 매일 먹는 '오메가-3 캡슐'을 자세히 본 적이 있을까? 말랑하고 투명한 캡슐 안에 끈적끈적한 기름 같은 액체가 들어 있지. 캡슐 안에 액체가 들어 있는 이유는, 오메가-3 지방산이 액체 상태여서야. 위에서 말한 것처럼 중간에 이중결합이 있는 불포화지방산을 가진 지방은 상온에서 액체거든. 반면 '포화지방산'으로만 구성된 지방, 그러니까 고기를 굽고 남은 팬에 남은 고기 지방 같은 것들은 시간이 지나면 불투명한 고체가 되지.

엄마와 아빠가 오메가-3 지방산을 캡슐 형태로 챙겨 먹는 이유는, 식사를 통해 충분히 섭취하지 못할 수 있는 오메가-3 지방산을 보충하기 위해서야. 오메가-3 지방산은 혈액 순환을 도울 뿐 아니라, 염증을 줄여주고 뇌와 눈 건강에도 좋은 영향을 준단다. 마치 뻑뻑해진 기계가 잘 돌도록 윤활유를 바르는 것처럼, 피가 원활히 잘 돌고 건조한 눈을 부드럽게 해주지. 어떤 효과를 원하는지에 따라 먹어야 하는 양이 조금씩 다르지만, 오메가-3 지방산의 종류인 EPA와 DHA를 합쳐 하루에 대략 500~2000mg이 권장량이야.

꾸준히 섭취해야 빛날 오메가-3 지방산의 힘

오메가-3 지방산을 복용할 때 주의할 점이 있어. 바로 보관에 신경써야 한다는 거야. 탄소끼리 손을 두 번 맞잡은 이중결합은 반응성이 좋거든. 언제든 한쪽 손을 풀고 다른 손을 잡을 준비가 돼 있지. 오메가-3 지방산의 이중결합은 산소하고 잘 반응해서 쉽게 산화되는데, 그러면 '활성산소종'으로 변해서 몸 안을 여기저기 돌아다니며 몸속 세포를 해친단다. 그래서 오메가-3 캡슐은 빛과 공기에 노출되지 않도록 잘 보관해야 해. 만약 캡슐 모양과 색이 변하고, 비린내가 심하면 이미 산화된 상태이니 복용하면 안 된단다. 그래서 오메가-3 캡슐은 병에 너무 많은 양이 들어 있는 것보다는 하나씩 낱개 포장된 형태가 더 좋고, 빛이 들지 않는 용기에 넣어 보관해야 한다는 걸 기억하렴.

오메가-3 지방산을 꾸준히 복용하면 우리 몸에 좋은 변화를 만들 수 있지. 어떤 전문가들은 여건이 되면 평생 복용하는 것이 좋다고 말하기도 해. 특히 식사를 통해 각종 영양소를 매번 골고루 챙기기 어려운 사람들은 캡슐로 만들어진 것을 섭취하면 일정한 양을 꾸준히 챙길 수 있어 좋지. 단, 며칠 동안 잠깐 먹어서는 효과를 기대할 수 없고, 오랫동안 꾸준히 먹어야 해.

오메가-3 지방산을 꾸준히 섭취하는 것은 엄마의 하루 루틴 중 하나야. 다른 루틴들처럼 엄마가 목표로 하는 것을 이루기 위한 방법이지. 가끔 외식으로 고기를 맛있게 구워 먹고 나면 엄마는 약간 죄책감이 들기도 하지만, 그동안 꾸준히 섭취한 오메가-3 지방산의 힘을 좀 믿어보기로 했어. 그동안 실천한 루틴에 좀 기대보는 거지. 다른 루틴들도 마찬가지란다. 하루하루 조금씩 꾸준히 쌓은 시간은 나를 지켜주는 힘이 되어줄 수 있어.

이건 마치 하루하루 성실히 쌓은 시간이 결국 우리 인생의 큰 방향을 정하는 것과도 비슷하단다. 엄마도 꼭 이루고 싶은 목표가 있을 땐 할 일을 작게 나누어 루틴으로 만들어 실천해. 오메가-3 같은 영양제 복용도 그렇게 루틴 속에 넣어두고 꾸준히 챙기고 있지.

하지만 루틴을 지키다 보면 당장 눈에 띄는 변화가 없어 조바심이 날 때도 있어. 오메가-3같은 건강기능식품은 며칠 사이에 확실한 효과가 느껴지지 않기도 하니까. '이게 무슨 소용이지?' 싶은 생각과 함께 멈춰버리면, 애써 이어온 흐름이 끊기고 말지.

작은 물방울이 모여 큰 바다를 이루듯, 건강을 위한 습관도 하루하루가 쌓여야 비로소 의미를 가진단다. 변화는 티 나지 않게 다가온다는 것, 그리고 꾸준한 실천은 좋은 결과로 돌아온다는 것을 서윤이가 꼭 기억했으면 해.

참고자료

1) 식품의약품안전처 식약아리아, 우리 몸에 좋은 지방이 있다?
2) 식품의약품안전처 식품안전나라
3) 오메가-3 지방산과 중성지방, 대한내과학회지 제83권 제6호 2012
4) 오메가-3 지방산, 위키피디아

25

식사로는 부족한 뭔가를 채워야 할 때, 비타민제

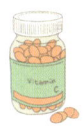

너와 나의 비타민은 무엇일까

 서윤아, 요즘 들어 저녁에 집에 오면 라면을 자주 찾네. 매일 아침 9시부터 저녁 6시까지, 학교와 학원 세 곳을 다니느라 바쁜 하루를 보내고 나면 짭짤하고 감칠맛 나는 라면이 생각나는 거겠지. 엄마도 너처럼 힘든 하루를 보낸 후 종종 맵고 짠 음식이 당기곤 해서 그 느낌을 잘 알아.

 엄마는 서윤이가 매일 그렇게 바쁜 일정을 소화하느라 힘들다는 걸 잘 알고 있어. 그렇지만 아직 초등학교 저학년인 너를 혼자 집에 오래 둘 수 없고, 학교 끝나고 남는 시간에 무언가 유익한 것을 배웠으면 좋겠다는 생각으로 학원을 보내고 있지. 어제도 너는 그동안 쌓인 스트레스를 풀고 싶다며, 가장 좋아하는 '튀김우동

큰사발'을 저녁으로 달라고 했지. 엄마는 너의 부탁을 듣고 라면을 끓이긴 했지만, 아무래도 라면만으로는 부족할 것 같아 토마토 두 알과 삶은 계란 두 개를 슬그머니 옆에 두었어. 라면만으로는 네 몸에 필요한 단백질, 식이섬유, 비타민이 모자랄까봐 걱정되었거든.

그런데 서윤아, 재미있는 사실 하나 알려줄까? 라면에도 비타민이 들어 있다는 거 혹시 알고 있었니? 오잉, 라면에 비타민이? 라면을 먹으면서도 건강을 좀 챙기라는 식품회사의 배려인가? 사실 그건 아니고, 라면 면발이 연한 노란색을 띠도록 색소 역할을 하는 비타민 B_2를 넣은 거야. 원래 밀가루는 흰색이지만 면발의 노르스름한 색을 내기 위한 첨가제로 쓴 거지. 비타민제를 복용했을 때 소변이 노래지는 것과 같은 원리란다. 그래서 어떤 사람들은 '라면은 비타민제야'라고 농담처럼 말하기도 해. 하지만 비타민을 넣은 목적이 다른 데다 얼마나 들었는지도 정확히 모르니, 어디까지나 그냥 농담일 뿐이지.

우리 몸에서 스스로 만들어내지 못해
더욱 소중한 비타민

비타민이 뭔지 정확히 알진 못해도, 우리 '몸에 꼭 필요한 성분'이라는 건 많이 들어서 알고 있을 거야. 채소와 과일을 많이 먹으라는 이유 중 하나도 그 안에 들어 있는 비타민 때문이지. 검색창에 '비타민'을 치면 수많은 비타민제 광고가 쏟아지고, 어떻게 먹어야 한다는 정보도 셀 수 없이 많이 나와. 비타민이 뭐길래 그렇게 다들 중요하다고 그럴까?

우리 몸의 물질대사와 신체 기능 조절에 꼭 필요한 영양소, 즉 비타민의 존재가 정식으로 알려진 건 약 100여 년 전이야. 일본의 스즈키 우메타로라는 농학자가 1909년에 최초로 쌀겨에서 비타민 B1을 분리해낸 게 그 시작이었지. 그전에는 '어떤 음식이 어떤 병에 좋더라'는 식으로 비타민의 존재를 추정만 할 뿐이었어. 비타민의 존재와 그 중요성이 알려지고 난 후로는 수많은 연구를 통해 비타민이 무슨 일을 하고 어떤 종류가 있는지 소상히 밝혀졌지.

비타민은 우리 몸에서 적은 양으로도 필수적인 역할을 하는 물질이지. 생명을 유지하고 건강을 지키기 위해 비타민이 꼭 필요하단다. 비타민을 잘 챙겨먹는 것이 중요한 이유는, 우리 몸에선 비타민을 스스로 만들어내지 못하기 때문이야. 적은 양이라도 꼭 외부에서 공급해야만 하거든. 비타민은 신체 기능을 조절하고, 에너지 생성, 면역 강화, 세포 재생 등 여러 가지 중요한 역할을 맡고 있단다. 만약 부족하게 되면 다양한 건강 문제가 발생할 수 있어.

지금까지 알려진 비타민 종류로는 A, B, C, D, E, K가 있어. 알파벳이 순서대로 나가는가 싶더니 중간에 빠진 글자도 있지? 비타민 연구가 거듭되면서 처음엔 비타민으로 분류했다가 후에 비

비타민이 들어 있는 음식의 종류

타민이 아닌 성분으로 밝혀진 것들도 있거든. 명단에 올랐다가 탈락해서 빠져나간 흔적이지. 비타민은 우리 몸이 제대로 기능하기 위해 부족하지 않도록 음식을 통해 반드시 섭취해야 하는 물질이야. 박테리아, 균류, 그리고 식물은 비타민을 스스로 생산할 수 있지만 사람의 몸은 그렇지 않기 때문이지. 그럼 각 비타민이 우리 몸에서 무슨 일을 하는지 한번 말해볼게.

먼저, 비타민 B는 효소를 도와주는 '조효소'를 만들어. 이 조효소는 우리가 먹은 음식에서 에너지를 얻는 효소를 돕고, 그 에너지를 효율적으로 사용하도록 돕는 일도 해. 비타민 B는 총 여덟 가지 종류가 있는데, 이를 합쳐 '비타민 B 복합체'라고 불러. B_1, B_2, B_3, B_5, B_6, B_7, B_9, B_{12}가 그 종류야. 이 비타민들은 각자 일하기도 하지만, 대부분 같이 일하면서 우리 몸의 물질대사를 돕고, 피부와 근육 조직을 건강히 유지하고 면역 기능과 신경 기능을 돕는단다.

또 혈구와 세포를 성장시키는 데도 중요한 역할을 하지.

다음은 비타민 C야. 비타민C는 항산화제인 것으로 알려져 있지. 항산화제는 우리 몸에서 발생하는 활성산소 같은 유해 물질을 제거한단다. 활성산소는 스트레스나 몸 밖에서 들어온 유해 물질 때문에 몸에서 만들어지는데, 세포를 손상시키고 노화를 촉진하지. 비타민 C는 이 활성산소를 없애주어서 세포가 건강하게 일할 수 있도록 도와준단다. 또 비타민 C는 면역력을 강화하는 데도 중요한 역할을 해. 백혈구가 잘 일할 수 있도록 도와줘서 감염에 맞서 싸우도록 돕기 때문이야. 그래서 감기에 걸렸을 때 비타민 C를 충분히 섭취하면 빠르게 회복하는 데 도움이 되지. 그 밖에도 비타민 C는 콜라겐 생성을 도와서 피부, 혈관, 그리고 인대를 튼튼하게 해 주고 상처가 잘 아물 수 있도록 돕지. 그래서 비타민 C가 부족하면 피부에 탄력이 떨어지고 피로를 쉽게 느끼고, 잇몸에서 피가 나거나 상처 회복이 잘되지 않을 수 있어.

비타민 A는 눈 건강과 면역 기능에 중요하단다. 특히 어두운 환경에서 시력을 유지하는 데 중요하지. 그래서 비타민 A가 부족하면 밤에 앞을 보기 어려운 야맹증이나 안구건조증이 생기기 쉬워. 또 비타민 A는 면역체계를 튼튼하게 하고 백혈구를 만들어서 우리 몸이 감염에 잘 대처할 수 있게 돕기도 해. 뼈 성장과 세포 분열도 돕기 때문에 성장기 아이들에게도 중요한 영양소란다. 비타민 A가 부족하면 피부가 건조해지고 면역력이 떨어져서 감염에 취약해질 수 있어.

그리고 비타민 D는 뼈 건강에 필수적인 역할을 해. 엄마가 골다공증약 이야기할 때도 비타민 D가 중요하다고 말했었지? 비타민 D는 칼슘과 인을 흡수해서 뼈를 강하게 유지시켜 주지. 햇빛을 받으면 몸에서 직접 합성하는 유일한 비타민이기도 해. 하지만 요즘에는 자외선 차단제 사용이나 실내 생활 시간이 많아져서 비타민 D가 부족해지기 쉽단다. 비타민 D가 부족하면 뼈가 약해져서 성인에서는 골다공증, 어린이들에게는 구루병 같은 질병이 발생할 수 있어. 그래서 실내에서 주로 생활하는 사람들은 비타민 D를 꼭 보충해 줘야 하지. 또, 비타민 D는 면역 기능을 강화하고 세포 성장을 촉진하는 역할도 한단다.

비타민 E는 강력한 항산화제야. 세포를 손상시키는 활성산소를 물리쳐서 노화를 늦추고, 혈액 순환이 잘 되도록 해서 심혈관 질환 위험을 줄여주지. 비타민 E는 특히 세포막을 보호해서 세포가 건강하게 일할 수 있도록 도와준단다. 세포막이 손상되면 세포 기능이 떨어져서 다양한 병에 걸릴 수 있거든. 또 비타민 E는 피부 건강에도 중요한 역할을 하는데, 만약 비타민 E가 부족하면 피부가 건조해지고 염증이 잘 생길 수 있어.

마지막으로 비타민 K는 주로 혈액 응고를 돕는 역할을 한단다. 상처가 나면 피를 멈추게 하고 상처가 아물도록 돕지. 비타민 K가 부족하면 상처가 나도 피가 잘 멎지 않거나 출혈이 심해질 수 있어. 또 비타민 K는 뼈 건강에도 중요한 역할을 해. 칼슘이 뼈에 잘 축적될 수 있도록 도와서 골다공증을 예방한단다.

너는 나의 비타민 같은 존재야

비타민을 잘 챙기는 게 우리 몸에 왜 중요한지 잘 알겠지? 그런데 비타민은 부족할 때만 문제가 되는 게 아니야. 너무 많이 섭취하면 오히려 몸에 해로울 수도 있거든. 예를 들어 지용성 비타민인 A, D, E, K는 너무 많이 섭취하면 몸에 축적되어 독성을 나타낼 수 있단다. 그래서 비타민제를 무턱대고 많이 먹기보다는 적정한 양을 섭취하는 것이 중요해.

비타민은 없던 힘이 나게 하거나 병을 치료하기 위한 것이 아니라, 부족할 때 생기는 질환을 예방하는 역할을 한단다. 그러니 비타민 영양제보다 먼저 내가 가진 식습관을 돌아보고 음식을 통해 골고루 영양소를 섭취하고 있는지 생각해야 해. 신선한 채소와 과일을 포함한 건강한 식사를 했을 때 비타민이 몸에 더 잘 흡수되고, 식이섬유 같은 다른 중요한 성분도 함께 섭취할 수 있거든.

이렇게 우리 몸에 비타민이 꼭 필요하듯, 우리의 일상에도 '마음의 비타민'이 필요하단다. 부족한 영양소를 채워서 우리 몸이 건강을 유지하도록 돕는 비타민처럼, 우리 각자의 마음에도 꼭 필요한 작은 무언가가 하나씩 있지.

엄마 마음의 비타민이 뭔지 아니? 엄마에게는 서윤이의 말 한마디가 그런 비타민이야. 얼마 전, 퇴근 후 몹시 지쳐 집에 들어왔을 때였어. 회사 일도 끝이 없는데, 집안일도 산더미처럼 쌓여 있는 그런 하루였지. 기운 없이 처져 있는 엄마를 보며 서윤이가 툭 던진 한마디가 있었지.

"엄마, 나는 엄마가 충분히 잘하고 있다고 생각해."

그 말이 엄마한테 얼마나 큰 힘이 되었는지 몰라. 비타민 한 알이 톡 하고 들어오는 느낌이었어. '아, 그렇지. 나 괜찮게 잘 하고 있지.' 하는 생각이 들면서 다시 기운이 나더라. 엄마에게만 힘들고 처지는 날이 있는 것은 아닐 거야. 서윤이도 그런 날이 있지? 그럴 때면 엄마도 그런 '마음의 비타민'을 줄 수 있도록 힘이 되는 응원을 준비할게.

그래서 말인데… 이번 기회에 우리 라면도 일주일에 두 번에서 한 번으로 조금 줄여보는 건 어때? 뭐라고? 서윤이한테는 이미 라면이 비타민이라 안 된다고? 이런이런!

참고자료

1) 약학정보원 약물백과, 수용성비타민/지용성비타민
2) 위키피디아, 비타민
3) 국가건강정보포털, 영양제

에필로그

딸과 약, 그리고 나의 이야기

약은 나를 성장시키는 도구다. 약사가 되기 위해 공부했던 시간, 대학원에서 새로운 약을 합성하는 연구를 했던 시절, 그리고 졸업 후에 엄격한 규제와 관리의 틀 안에서 약을 다루는 일을 했던 경험들이 나를 키워주었다. 그리고 지금은 제약 현장에서 약이 제대로 만들어졌는지 보증하고 책임지는 역할을 하고 있다. 학생 시절부터 지금까지 나는 약을 통해 세상을 바라보고, 그 안에서 배움을 이어가며 약사로서, 그리고 한 사람으로서 성장할 수 있었다.

하지만 가끔 주변에서 "이 약은 어떻게 쓰나요?" 혹은 "이런 증상에는 어떤 약이 좋을까요?"라고 질문을 받을 때면, 나는 조금 난감했다. 약에 대해 공부하긴 했지만, 갑작스런 질문에 바로바로 대처하기엔 내가 공부한 지식은 먼 기억 저편에 있으니 말이다. 내가 일하는 분야는 약이 환자에게 도달하기 이전에 제대로 만들어지기 위해 엄격히 관리하는 쪽이다. 환자를 직접 대하고, 그들의 상황에 맞는 약에 대해 잘 아는 약사들이 일하는 분야와는 조금 다르다.

그런 내가 딸이 일생에 걸쳐 필요할 만한 여러 가지 약에 대한 이야기를 쓰기로 결심했다. 그러기 위해 나는 오래전에 배운 지식을 다시 떠올려야 했다. 약 20년 전 학부 과정에서 약물학과 임상약학 시간에 배운 약물 작용 기전부터 시작해, 일하면서 지금껏 알게 된 정보를 다시 정리했다. 그동안 새로 나온 약에 대해 공부하기도 했다. 무엇보다 가장 어려웠던 것은 약의 작용 원리를 쉽게 풀어내는 것이었다. 약마다 작용하는 원리가 다른데, 이를 알아야 약을 쓰는 이유와 어떻게 써야 하는지를 파악할 수 있다. 딸이 조금이라도 쉽게 이해할 수 있도록 적절한 비유를 들어 설명하고 싶었다. 때로는 나의 비유가 어색하게 느껴져 썼다 지웠다를 반복하기도 했다. 그렇게 나름대로의 시도 끝에 딸의 눈높이에 맞는 '약 편지'가 완성될 수 있었다.

내 나이 40대에 접어든 지금, 무엇보다 많은 시간과 에너지를 쏟는 두 존재가 바로 '딸'과 '약'이다. 아홉 살인 딸은 앞으로 한 사람 몫을 해낼 어른으로 성장해야 한다. 그리고 나는 딸이 그 과정을 건강히 완수할 수 있도록 엄마로서 책임지고 도와야 한다. 약 역시 마찬가지다. 내가 일하는 공장에서 약이 제대로 만들어져 환자들에게 전달될 수 있도록 책임지고 보증해야 한다. 그 과정에서 가끔 생각지 못한 일이 발생하기도 하지만, 약의 품질은 어떤 일에도 항상 영향받지 않고 일정 수준 이상 유지될 수 있도록 많은 노력을 기울이고 있다.

    딸과 약 모두에 쏟는 에너지가 균형을 이루면 참 좋을 것이다. 하지만 직장에 속해 하루 최소 8시간을 근무하는 한, 그런 균형을 찾기가 참 쉽지 않다. 딸과 보내는 아침과 저녁 시간은 늘 짧기만 하다. 그 시간에 밥 먹고 씻기, 그리고 숙제 챙기기 같은 것을 하다 보면 시간이 금방 간다. 하교 후 저녁 먹기 전까지 여유로웠던 내 어린 시절과 다르게, 지금의 나와 내 딸은 늘 시간에 쫓기는 것 같다. 그래서 나는 주어진 시간을 밀도 있게 사용하기 위해 노력한다.

    특히 아이와의 시간이 그렇다. 나는 아이와 같이 보내는 시간의 '양'보다 '질'을 챙기는 전략을 선택했다. 같이 보내는 시간에는 아이 이야기를 더 많이 들어주고, 눈을 더 마주치고 스킨십을 더 자주 하려 한다. 딸을 위해서이기도 하지만 나를 위해서이기도 하다. 아이가 부쩍부쩍 크는데 시간이 지나 다 큰 딸을 보며 어린 시절 해주지 못한 것에 대해 아쉬움을 남기고 싶지 않아서다. 내 노력 덕분인지 딸은 엄마와 소통하는 일이 싫지 않은 모양이다. 나와 함께 이야기 나누거나 장난치는 시간을 즐거워한다. 보너스도 있다. 가끔 딸이 엄마를 누군가에게 소개할 때 '약사이자 회사원이자 작가 엄마'라는, 긴 수식어를 붙여 말해준다. 내가 엄마 역할 외에 욕심내는 다른 역할이 많다는 것을 딸도 잘 이해하고 있는 것 같다.

그렇게 나는 딸과 약, 둘 사이에서 균형을 잡으려 애쓰며 산다. 그러고 보면 딸을 키우는 것과 약을 다루는 일이 비슷하다는 생각이 든다. 둘 다 꾸준한 관심과 세심한 주의가 필요하고, 내게 큰 책임감과 애정을 요구한다. 기대와 다르게 흘러갈 수 있다는 점도 비슷하다. 자식은 나와 다른 개성을 가진 존재이기 때문이다. 같은 약을 용법에 맞게 투여했어도, 사람마다 약효가 다르게 나타날 수 있다. 둘 중 어느 것 하나 소홀할 수 없기에, 나는 부족한 시간과 에너지를 요리조리 조율해 가며 균형을 맞추는 데 온 힘을 다한다.

딸이 어떤 삶의 모습을 선택하든, 살면서 크고 작은 문제들을 만나게 될 것이다. 내가 그랬던 것처럼 말이다. 딸이 인생에서 마주칠 수 있는 다양한 문제들 중 건강과 관련된 것들은 약을 잘 쓰면 나아질 수 있는 것들이 많다. 딸에게 전하는 이 책은 딸이 몸과 마음의 변화로 흔들리는 순간에 작은 도움이 되었으면 한다.

이 책을 통해 이 세상 모든 엄마와 딸들의 건강한 일상과 단단한 삶을 진심으로 응원한다.

언제나 너를 지키는 약이 되어줄게

1판 1쇄 찍음 2025년 11월 13일
1판 1쇄 펴냄 2025년 11월 25일

지은이 유지혜

편집 김현숙 | **디자인** 이현정
마케팅 백국현(제작), 문윤기 | **관리** 오유나

펴낸곳 궁리출판 | **펴낸이** 이갑수

등록 1999년 3월 29일 제300-2004-162호
주소 10881 경기도 파주시 회동길 325-12
전화 031-955-9818 | **팩스** 031-955-9848
홈페이지 www.kungree.com
전자우편 kungree@kungree.com
페이스북 /kungreepress | **트위터** @kungreepress
인스타그램 /kungree_press

ⓒ 유지혜, 2025.

ISBN 978-89-5820-914-0 03510

책값은 뒤표지에 있습니다.
파본은 구입하신 서점에서 바꾸어 드립니다.